北方工业大学校内人才强校行动计划项目资助

岩巷钻爆法掘进速度影响因子分析、预测及综合评价研究

张召冉　著

北　京
冶　金　工　业　出　版　社
2019

内 容 提 要

本书基于现场调研分析，构建了岩巷掘进速度影响因子体系，分析了影响我国岩巷掘进速度提高的深层因素，并提出了相应对策；还对掘进速度的预测方法、爆破掘进速度效果的评价方法和体系进行了研究。研究成果对于提升岩巷掘进施工的系统化认识和提高岩巷掘进水平具有积极的促进作用。

本书可供矿山工程技术人员及科研人员使用，也可供高校矿建专业的师生参考。

图书在版编目(CIP)数据

岩巷钻爆法掘进速度影响因子分析、预测及综合评价研究/张召冉著 —北京：冶金工业出版社，2019.3

ISBN 978-7-5024-7950-3

Ⅰ.①岩…　Ⅱ.①张…　Ⅲ.①岩巷掘进—钻爆法施工
Ⅳ.①TD263.3

中国版本图书馆 CIP 数据核字（2018）第 271922 号

出 版 人　谭学余
地　　址　北京市东城区嵩祝院北巷 39 号　邮编　100009　电话　(010)64027926
网　　址　www.cnmip.com.cn　电子信箱　yjcbs@cnmip.com.cn
责任编辑　杨　敏　美术编辑　彭子赫　版式设计　禹　蕊
责任校对　卿文春　责任印制　牛晓波
ISBN 978-7-5024-7950-3
冶金工业出版社出版发行；各地新华书店经销；三河市双峰印刷装订有限公司印刷
2019 年 3 月第 1 版，2019 年 3 月第 1 次印刷
169mm×239mm；10.25 印张；197 千字；154 页
55.00 元

冶金工业出版社　投稿电话　(010)64027932　投稿信箱　tougao@cnmip.com.cn
冶金工业出版社营销中心　电话　(010)64044283　传真　(010)64027893
冶金工业出版社天猫旗舰店　yjgycbs.tmall.com

前　言

经济的发展离不开能源的支持，我国是一次能源以煤为主的国家，我国煤炭主要以井工开采为主，巷道掘进与支护工程量浩大，要完成如此庞大的巷道施工量，就需要妥善解决大断面巷道掘进、支护所面临的系列复杂理论与技术难题，确保大断面巷道快速、高效、优质、安全施工。因此，按照“采掘并举，掘进先行”的生产原则，加快岩巷施工速度，确保煤炭企业采掘接续正常，对于保障我国国民经济健康持续发展具有重大的现实意义。

从系统工程的观点来看，掘进系统是煤矿生产系统的一部分。系统分析是岩巷快掘系统研究的最重要的方法，岩巷掘进系统是一个复杂的系统工程，通过对系统最终目标、系统构成要素、系统所处环境、系统投入资源和系统组织管理的分析，可以较为准确地发现掘进系统的问题，揭示问题的深层次原因，可以更有针对性地提出解决方案。

本书在回顾国内外岩巷掘进现状的基础上，重点对岩巷钻爆法施工速度影响因子进行了系统分析，对岩巷钻爆法施工中配套装备的科学选型进行了分析，进行了基于 BP 神经网络的钻爆法月进尺预测研究，以及岩巷快掘施工综合评价和经济效益分析研究。

本书主要由北方工业大学土木工程学院张召冉撰写。具体撰写分工为：第 2 章、第 3 章的 3.1 节和 3.2 节、第 4 章、第 6 章由张召冉撰写，第 1 章、第 3 章的 3.3 节、第 5 章由中国矿业大学（北京）朱现磊撰写（6.1 万字）。

在本书撰写过程中，得到了北方工业大学土木工程学院、中国矿业大学（北京）的教师和学生的大力支持，在此表示感谢！本书的出版得到了北方工业大学校内人才强校行动计划（18XN012/074）的支持，在此特别表示谢意！

由于作者的学术水平和实践经验所限，书中不足之处，恳请读者批评指正。

作 者

2018 年 9 月 19 日于北方工业大学

目 录

1 绪　　论

1.1 研究背景和意义

1.1.1 钻爆法的主导地位

经济的发展离不开能源的支持。我国是一次能源以煤为主的国家，目前，煤炭分别占我国一次能源生产和消费总量的76%和69%。在未来相当长的时期内，煤炭作为主体能源的地位不会改变。

我国能源产业的特点是“煤多油少”。从我国的能源结构来看，我国能源消费结构中以煤炭为主的格局在相当长一段时间内不会改变。随着我国煤炭开采技术的飞速发展，煤炭的开采强度和速度得到了极大的提高，采矿设备正在向自动化、信息化、大型化、集约化方向发展，这也使得巷道的断面越来越大，相应地，巷道掘进工程量成倍增加。

我国煤炭开采主要以井工为主，巷道掘进与支护工程量浩大。要完成如此庞大的巷道施工量，就需要妥善解决困扰大断面巷道掘进、支护所面临的系列复杂理论与技术难题，确保大断面巷道快速、高效、优质、安全施工。因此，按照“采掘并举，掘进先行”的生产方针，加快大断面巷道施工速度，确保煤炭企业采掘接续正常，对于保障能源供给具有重大的现实意义。

岩巷掘进工法主要有钻爆法和机掘法。据统计我国每年掘进的岩石巷道长度高达数千公里，其中钻爆法施工占95%以上。岩巷机掘，尤其对于硬岩（如普氏系数f大于7）巷道，目前我国综掘机施工中存在能耗大、故障率高、粉尘严重、适应性差等问题，应用效果不甚理想。因此，今后很长的一段时间内钻爆法掘进在岩巷掘进中将占据主导地位。所以，研究岩巷钻爆法的快速掘进具有现实意义。

1.1.2 多因素制约岩巷快掘进尺水平

岩巷掘进具有开拓困难、占用施工时间长、工序复杂的特点，这也就决定了岩巷的掘进对于煤矿的建设和生产是个难点。岩巷快掘是一个有机的整体，不仅受内部因素的影响，同时还受系统外部条件的影响。掘进技术、装备、工艺、人员、组织管理、地质水文、运输、通风、供排水、供电等构成了掘进的有机整体，各因素相辅相成、缺一不可。

巷道掘进是一个综合的施工工艺，整个过程主要包括掘、支、装、运四大环节，每个环节又包括若干个小环节。就“掘”而言，包括钻孔、装药联线、放炮等；“支”包括钻锚杆孔、装锚固剂、挂网、安装、搅拌、紧固、喷浆等环节。“装”是把爆破下来的矸石装车或者直接上皮带。“运”即是把装完的岩石通过后路的运输系统运出。上述四大环节由于采用的施工装备和组织管理的形式不同，产生的效果也不同。“细节决定速度”，如果一个小环节出现问题，就会影响整个系统正常运转，降低掘进速度。

钻爆法巷道的速度制约因素很多，对于不同的工况，会产生不同的表现形式；但对某一巷道来说，总会有影响因素是决定性的，有的是一般的影响因素。决定性因素对掘进速度起关键作用，而一般的因素对速度的影响较小但是不能忽视。由于钻爆法是工序性很强的工作，各个工序与工序之间环环相扣，步步相连，可能“牵一发而动全身”。

1.1.3 研究意义

目前我国岩巷施工大多采用钻爆法施工。钻爆法掘进的关键在于提高掏槽效率与控制周边成型。我国钻爆法巷道掘进发展大致分为 3 个阶段。第一阶段为研究掏槽阶段。我国岩巷爆破掏槽形式有楔形、锥形掏槽、直孔掏槽、准直孔、角柱式、螺旋形、斜直复合掏槽等形式；第二阶段为光面微差爆破阶段，采用光面爆破减少了巷道围岩损伤，提高了巷道围岩的稳定性，增加了围岩自身的承载能力，有效保证施工安全，从而为巷道快速施工创造了条件；第三阶段为精细化或者绿色爆破，此种概念近几年才提出，就是在用最少的成本去换取爆破效果的最优化，减少人、材、机等投入，减少废水、粉尘等污染的产生，减少对巷道围岩的损伤和破坏，利用最小的代价换取经济利益的最大化。

从上面的分析可以看出，我国目前的钻爆法所处阶段为第二阶段向第三阶段的过渡期，岩巷掘进大多是在爆破技术上做文章，首先考虑的是“爆出来”的问题，而对于能不能“运出去”及“支护完”，最后是否能形成正规循环则没有过多地考虑。结果往往只是单进水平上提高，而月进尺往往提高不是很大，这主要是因为其他的配套设施及手段没有跟上，制约了整个掘进速度的提高。虽然对掘进技术的研究较多，但把掘进作为一个系统研究的很少，进而对影响我国钻爆法掘进速度的影响因子的研究更少，少量研究者也仅仅是对影响因子进行定性的描述，对影响钻爆法掘进速度的因子缺乏定量的认识。再次，我国岩巷实行快速掘进能产生较大的经济效益，这是无可置疑的，但是对经济效益的分析深度不够，以及如何去评价快掘的效果都需要做深入的研究。为此，建立一套适应于评价钻爆法掘进效果的评价指标体系和模型，是势在必行的。所以本书拟在这几个方面取得突破，使决策者更容易了解和接受快掘带来的益处，做出正确决策。

1.2 国内外研究现状

1.2.1 我国岩巷掘进现状

随着煤炭工业的发展，煤矿建井技术水平有了很大提高，尤其是岩巷掘进技术（如锚喷支护技术的推广应用，中深孔爆破技术的应用）和大量施工机械的应用，形成了比较成熟的机械化作业线，大大加快了岩巷掘进速度。岩巷的掘进施工方面，主要有两种施工手段：一种是钻爆法施工，即传统的钻孔、放炮、化整为零的掘进方法；另一种为采用掘进机整体掘进。

我国岩巷掘进施工的机械化水平、施工工艺、施工速度都还明显落后于发达国家，成为我国矿山建设的薄弱环节。推动钻爆法掘进发展，优化爆破工艺，实现岩巷的快速掘进，成为我国煤矿岩巷掘进施工的重点方向之一。1972年，煤炭部在修订《岩石巷道掘进十六项经验》时肯定光面爆破的众多优点，因而受到我国煤矿企业的高度重视，在煤炭系统内加以推广，特别是充分利用光面爆破的特点，使之与锚喷结合，大大提高了锚喷支护的作用，这就为成功地推广和应用锚喷支护技术起到了重要作用。20世纪80年代以侧卸式装岩机和凿岩台车为主的机械化作业线的试验和推广工作取得了一定的效果，如在新汶协庄矿取得连续3个月成巷100m以上的成绩，开滦矿务局在断面约15m^{2}的巷道中分别创月进尺184.8m、210m、252.4m的全国纪录。但由于我国地质条件复杂，岩层差异性大，特别是现有的机械化设备存在高耗能、低效率、高故障率的问题，成为制约岩巷实行快速施工的瓶颈。90年代，“三小”光爆锚喷技术在我国得到推广，为提高岩巷掘进速度另辟蹊径。

近年来，一些学者，提出了复合楔形、周边定向断裂控制爆破等岩巷高效掘进爆破理论和技术，这些技术的发展为快掘施工的进行提供了技术支持。

经过多年的发展，岩巷的快速掘进作业线主要经历了以下三种形式：以风动凿岩机、耙斗装岩机为主的机械化作业线，以液压钻车、侧卸式装岩机为主的机械化作业线，全断面掘进机机械化作业线。这三种作业线各有其优势和缺点，就应用广泛性来讲，还是以第一种为主。

近10年来，岩巷的平均月进尺大约以每年1m的速度上涨，由60m/月提高到70~80m/月的水平，可以说岩巷掘进的水平还很低，远远不能满足需求。巷道的掘进施工，从爆破技术、支护技术上来讲，已经得到了很好的发展，但是技术的进步并没有带来掘进速度的突飞猛进，关键原因是技术进步只是解决目前问题的一个方面。技术进步的效果还要靠科学的组织管理、良好的装备来辅助进行。实际施工时往往只是侧重在技术效果，缺乏通盘考虑，装备配套、组织管理滞后，导致快掘效果不理想，这也是岩巷掘进速度慢的原因。

1.2.2 岩巷影响因子方面的研究

实现快速掘进是岩巷掘进的发展趋势，以前虽然对岩石的爆破和掏槽技术做了大量的研究，但是对巷道掘进速度的影响因子的研究较少。张征在其硕士论文中从施工工艺、掘进设备、地质条件及施工组织管理等几个方面对快速掘进的影响因素进行了分析，并在此基础上为实现快速掘进提出了可参考的技术措施，主要从采掘平衡、施工设备的研究与选择、科学的施工组织管理、不断改进的施工方法及施工工艺等几个方面提出了改进措施，并在石嘴山二矿岩巷进行实践检验，但是并没有深入研究各个影响因子的内在关联。徐衍成利用 AHP 的方法对煤矿项目的进度管理工作进行了分析，对影响煤矿建设进度的因素进行了排序，找出影响进度控制因素的优先顺序是：施工方、业主、材料设备、行业部门、当地政府及村民、监理单位、设计单位、资金、技术、自然环境。作者对赵楼煤矿岩巷掘进中影响进度的因素进行了分析，提出在工作面的选择优化、爆破参数和施工组织的改进、配套设施的配备及提高管理水平等关键进度控制措施，取得了预期的技术效果和经济效果。

其他研究领域对影响因子的研究成果主要有：单仁亮在总结爆破理论和实践研究基础上，探讨了巷道掏槽爆破的作用机理，论述冲击波、应力波和爆生气体在掏槽爆破中的作用，从岩石性质、炸药性能、设计计算和施工工艺四个方面对巷道掏槽爆破效果的影响进行了分析，通过分析岩石应力应变特性、斜孔和直孔掏槽设计、爆速等因素，认为应力应变特性和岩石性质与炸药性能匹配对掏槽的重要影响，并根据四方面的影响因素总结和提出了一些实际操作建议。何刚剖析了大量煤矿典型事故，以事故分析理论和系统思考为基础，结合我国煤矿事故发生的规律，构建了煤矿安全影响因子的复杂因果关系体系，并采用解释结构模型理论和方法，建立了符合我国实际的煤矿安全影响因素的层级递阶关系图，进一步揭示我国煤矿事故的深层原因，并应用系统动力学（SD）的理论和建模方法，建立了相应的煤矿安全系统仿真模型，通过仿真子系统的安全水平，求出复杂系统中不同影响因子的实际作用率。另外，还提出了多种决策方案，应用具体案例加以对比分析，预测煤矿安全水平的未来发展趋势，有助于煤矿事故防范长效机制的建立。陈玉凯、陈跃达从技术角度分析了空气间隔装药对爆破效果的影响。张震宇在分析了台阶爆破特点的基础上，提出了深孔爆破效果的主要影响因素为底盘抵抗线、排距和炸药单耗等因素；陈毅通过多年的矿山工作经验，研究采矿大孔的设计、施工管理以及爆破作业过程等因素对爆破效果的影响。聂志龙认为影响工程爆破效果的技术因素主要有临空面的选择、布孔方式、孔斜、孔深、装药量等9个；尚玉峰认为影响光面爆破效果主要有不耦合系数、周边孔抵抗线和装药量、炮孔质量、炮泥堵塞、周边起爆时差等因素。王丹丹分析了不同自由面状态对爆破效果的影响并提出了具体的解决措施。刘恺德分析了爆炸应力波、爆轰气体对不同方位岩体结构面的作用过程，揭示了结构面影响光面爆破效果的原因。温健强对硫铁矿深孔台阶爆破的不耦合装药结构、全耦合装药结构和复式装药结构的爆破效果进行对比实验研究，最后认为使用复合装药结构爆破效果比另两种好。

1.2.3 快掘机械化配套施工效果评价研究

国内外对岩巷的掘进进尺的研究，尤其是对机械化配套之后的进尺水平往往停留在经验判断的阶段，对于机械化配套后进尺的预测还是空白。对于岩巷掘进效果的评价，以及掘进效果评价体系至今还没有成熟统一的认识。国内外主要集中在对爆破效果评价研究方面，往往出现评价效果局部较优，整体欠佳的弊端。关于爆破效果的研究主要有：

周磊认为台阶爆破效果受块度分布、飞石距离、冲击波、噪声和毒气等指标影响，爆破对象和爆破参数不同，爆破效果也不同，其建立的基于模糊数学方法的台阶爆破效果评价模型，具有克服主观性和随意性的优势；赵国彦针对传统模糊综合评价模型的不足，考虑到影响爆破效果因素具有层次性和模糊性的特性，提出了层次分析法（AHP）与 Fuzzy 综合评判相结合的爆破效果评价模型，以黄沙坪铅锌矿中深孔爆破为例，建立了 4 个单元、15 项指标的多因素二级结构评价模型，但是没有考虑装备和组织管理对爆破的影响；袁梅将经济、质量和安全要素作为一级指标，把炸药成本、大块率及爆破安全等 13 个要素作为二级指标，建立了露天矿深孔爆破效果评价模型，具有较好的效果；蒲传金利用三角模糊数互补判断矩阵的模糊层次分析法的基本原理和步骤，在边坡开挖光面爆破效果评价中证明其正确性；秦虎认为影响爆破效果的因素很多，建立了模糊综合评价模型实现爆破效果的定量化评价。

1.2.4 系统及掘进系统思考

系统是由一些相互关联、相互影响、相互作用的组成部分所构成的具有某种特定功能的统一体。美国的韦伯斯特（webster）大辞典中把系统定义为：“有组织或被组织化的整体，相联系的整体所形成的各种概念和原理的综合，由有规则的相互作用、相互依存的形式组成的诸要素的集合”。假设一个对象集合中存在至少两个不同要素，这些要素按照一定的方式相互联系在一起，我们就称之为一个系统。我国钱学森院士认为系统是由相互作用依赖的若干组成部分结合成的具有特定功能的有机整体，而且这个“系统”本身又是从属于另一个更大的系统。

系统分析就是根据系统的观点来对某个问题进行分析。我国王其藩教授认为系统思考是一种分析综合系统内外反馈信息、非线性特性和时滞影响的整体动态思考方法。其核心为唯物系统辩证观，强调用系统、辩证、发展的观点去研究系统内各要素之间，以及系统与环境之间相互作用、相互影响、不断发展变化的关系。

系统具有集合性、相关性、层次性、整体性、目的性等性质。集合性是指系统由很多可以相互区别的各个子系统或各个要素组成的；相关性是指掘进系统内部的各个要素与要素、要素与系统之间以及掘进系统与外部环境之间的错综复杂的内在关联；层次性是指掘进系统包含若干个子系统，子系统又包括若干个指标，具有多个层次性；整体性是指系统作为一个整体出现并存在于环境中的，而不能仅仅研究其中的一个要素，这样往往效果不佳；目的性是指研究系统的目的，才优化改造某个系统。从系统工程的观点来看，煤矿生产系统由“采、掘、机、运、通、排水、监测监控”七大系统组成，掘进系统是煤矿生产系统的一部分，具有系统工程的特性。

所以，系统分析是岩巷快掘系统研究的最重要的方法，岩巷掘进系统是一个复杂的系统工程，通过对系统最终目标、系统构成要素、系统所处环境、系统投入资源和系统组织管理的分析，可以较为准确地发现掘进系统的问题，揭示问题的深层次原因，可以更有针对性地提出解决方案。

2 岩巷钻爆法掘进速度影响因子系统分析

2.1 岩巷掘进速度影响因子体系构建

为保证岩巷掘进速度影响因子体系的科学性、系统性和完整性，本书在《岩巷钻爆法情况调查问卷》的基础上，结合煤矿掘进的特点，给出煤矿掘进速度影响因子体系构建步骤。

（1）目标的选定。煤矿钻爆法的影响因子体系建立的目标主要是构建煤矿钻爆法速度影响因子体系，有助于对掘进影响因子进行系统分析。

（2）影响因子的获取。本书以案例分析问卷调查为主要的获取手段，辅以理论研究和文献搜寻等途径来获得影响因子。

（3）影响因子的提取。按影响因子的不同性质进行分析归类，以此来构建影响岩巷快速掘进因子的初始结构。

（4）专家评价补充。在做调查问卷的过程中，不断征求专家的意见，来对遗漏的影响因子进行补充或剔除，以便提高科学合理性。

（5）构建因子体系。最后确定影响因子间的相互内在关联，反映影响岩巷快速掘进速度的所有主要因子。

2.2 我国岩巷掘进巷道实例分析

通过对煤矿巷道掘进巷道基本数据和掘进施工相关技术人员访谈结果分析，可以得到岩巷的不同参数对应的速度关系和普遍认为的影响岩巷快速掘进的主要因素和一般因素。通过大量具有代表性的岩巷掘进案例分析，归纳出导致目前岩巷水平停滞不前的原因和一般规律，深入研究影响掘进速度的直接或间接原因，提取影响掘进速度的因子，构建出岩巷掘进速度的影响因子体系。

2.2.1 案例选取

岩巷案例选取的区域以我国 4 大煤矿省份的煤矿掘进巷道为主，如山东、河北、山西、安徽，其中煤炭企业包括河北冀中能源的峰峰集团、金牛集团，山东能源的新矿集团、淄博矿业集团，淮北、淮南矿业集团，山西的汾西矿业集团。由于内蒙古、新疆以煤巷为主，岩巷极少，所以不予考虑，其他省份如云南、贵州及东北三省不是产煤大省，总产量相对较小，岩巷掘进的水平不具有广泛的代表性，所以本书对以上省份的煤矿岩巷不予考虑。

岩巷掘进案例选取的范围，本书主要的调研对象为近2~3年内完工或新开工岩巷（钻爆法），由于煤矿岩巷的断面大小不同，不可能全部进行调研分析，因此本书所选取的岩巷断面大小以10m^{2}以上的平巷为主，平巷占到调研巷道总条数的90%以上，斜巷较少，只占到10%左右。

选取煤矿岩巷的数量为200条，全部来自河北、山东、山西、安徽四大矿区的国有煤矿，全部巷道数据来自作者调研、现场问卷填写以及电子问卷等形式。

2.2.2 巷道钻爆法进尺整体分析

将搜集的200条典型巷道实例进行整理，制作成我国煤矿岩巷掘进典型实例分析表，包括：煤矿名称、巷道名称、掘进方式、掘进断面大小、巷道埋深、巷道倾角、岩石的坚固性系数、围岩类别、巷道总长、单循环进尺、日进尺、平均月进尺等基本巷道参数，以及较详细的爆破、支护、后路运输、组织管理、造价等关键信息。200例典型岩巷案例显示，我国煤矿岩巷月进尺平均水平为80m。月进尺在120m及以上的占10%，月进尺在100~120m占20%，80~100m占45%，80m以下的占30%，具体巷道统计如图2-1所示。

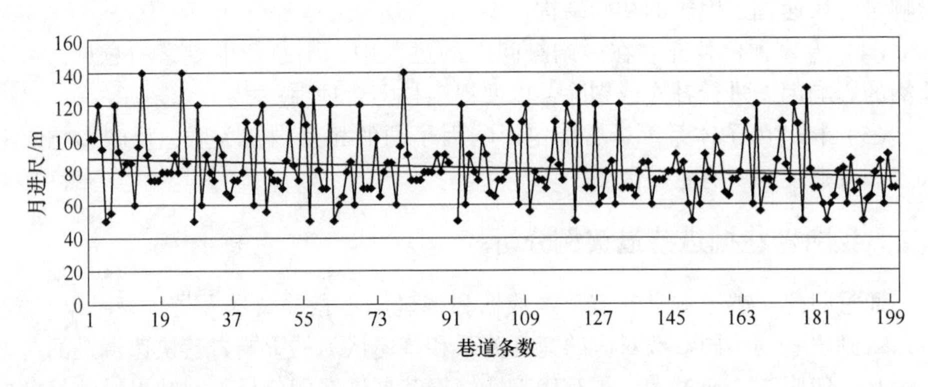

图2-1 钻爆法平均月进尺

2.2.3 岩巷案例分析

通过图2-2可以看出，（以其中70条巷道为例）岩巷掘进中对于钻孔爆破工序来讲，钻孔的深度基本都在1.8~2.0m左右，但是单循环进尺大部分维持在1.5m左右，平均的炮孔利用率在83%左右，炮孔利用率较低。对于岩巷掘进来讲，炮孔利用率是关键的指标，因为在岩巷中钻孔是个困难的工作，在单位时间内，钻孔的长度是固定的，炮孔利用率的提高意味着工人的工效提高，可以使得工人的劳动强度降低。

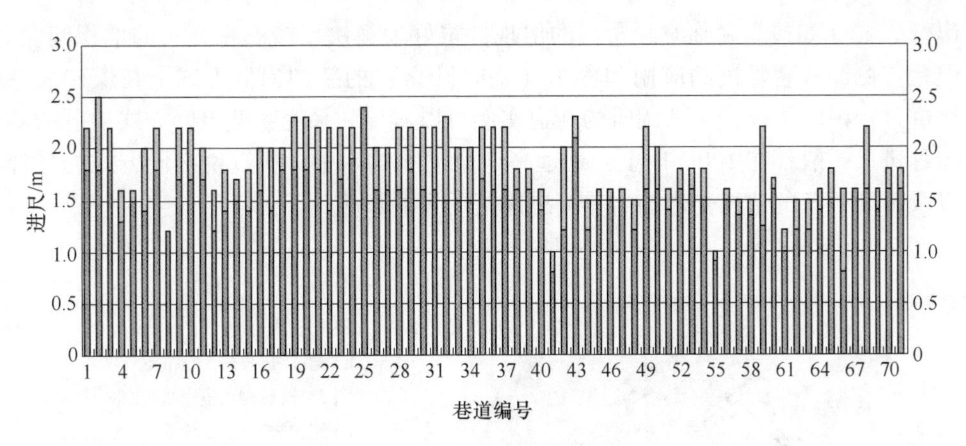

图 2-2 炮孔利用率统计

通过图 2-3 可以看出，对于岩巷掘进钻孔工序来讲，大部分煤矿岩巷钻孔施工基本上是用 7655 型号的钻孔机械，200 条巷道中有 100 条巷道在施工中采用 7655 型凿岩机，占整个调研巷道实例的 50%。而 YT-28 和 YT-29 型被 68 条巷道采用，占到调研巷道实例的 34%，液压钻车只有 18 条巷道采用，占到整个调研实例的 9%。相对而言，7655 型凿岩机是应用较早的型号，钻孔效率比 YT-28 和 YT-29 两种型号低，钻孔效率比液压钻车更低。通过图 2-3 可以看出，我国岩巷钻孔机械化水平基本呈现多种打孔机械并存，以 7655（YT−23）型凿岩机为主，钻孔效率较高的液压钻车应用较少。整体来说我国岩巷掘进的机械化水平较低。

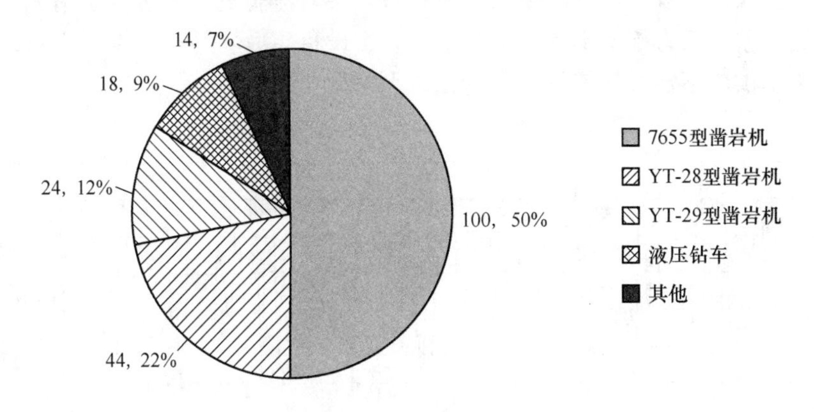

图 2-3 钻孔机械统计

通过图 2-4 看出，对岩巷掘进出渣来讲，耙矸机和矿车以及耙矸机和皮带的组合是目前出渣的主力装备组合。由于爆破后矸石堵塞巷道，如果矸石不能够及时清理出工作面，就对下道工序产生严重影响，从而使得岩巷施工不能形成正规的循环率，进而影响岩巷掘进速度。老式出渣设备（如耙矸机）虽然具有可靠性高的优点，但是一般要求是距离迎头 15~20m 以内才具有高效率的出矸。新型出矸方式（如梭车和临时矸仓）的出现，很好地解决了渣石在迎头的堆积问题。但是，侧卸式装岩机的应用和梭车（临时矸仓）的新型出矸方式，在煤矿岩巷掘进过程中应用较少，从调研的巷道实例可以看出，采用新型出矸方式出矸的巷道月进尺一般都在100m以上，远远高于全国平均水平，所以说出矸方式的选择以及出矸装备的选择是影响岩巷掘进速度的重要影响因子。

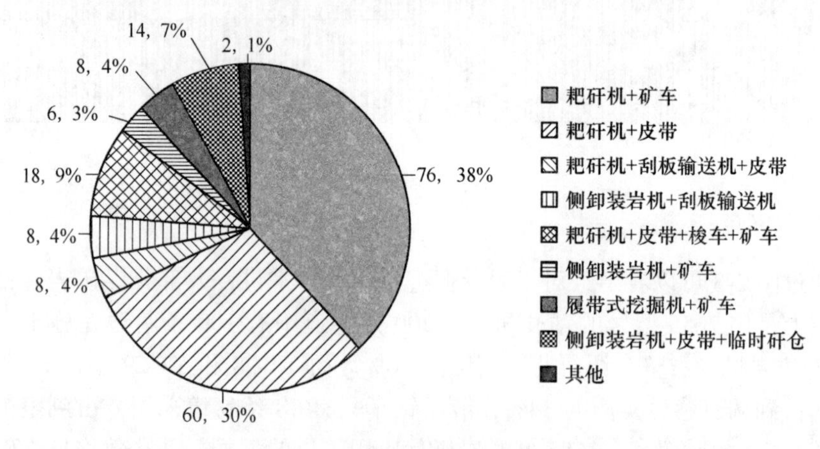

图2-4　岩巷出矸组合方式

通过对岩巷实例进行分析，如图2-5所示，可以得到岩巷掘进的施工的正规循环率参差不齐，有的正规循环率能够达到100%，有的循环率只有20%，循环率的差距较大，正规循环率的平均值为65%。循环率低的原因可以总结为：水文地质条件较差、工人配备不齐，组织不得力、设备落后、钻孔速度跟不上、出渣困难、矿车供应不足及皮带故障率高、风水电保障率低等。

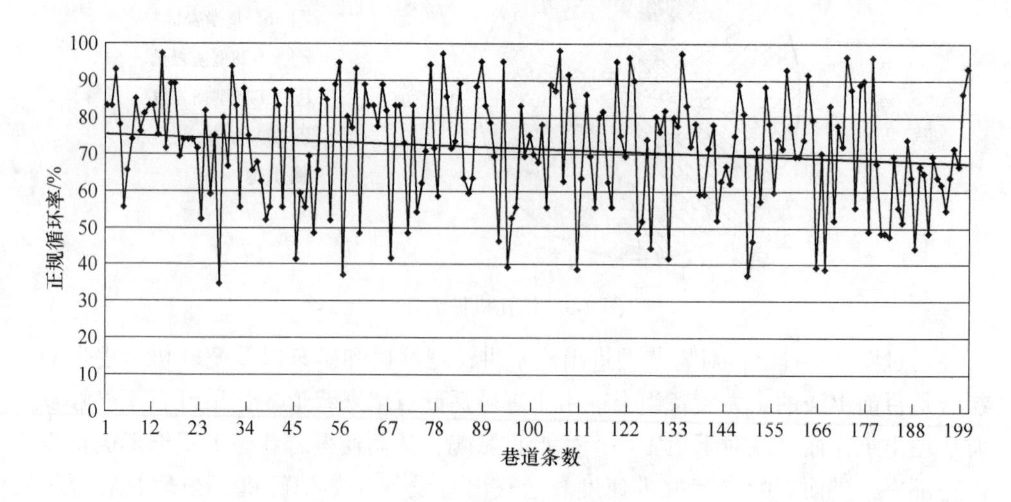

图2-5　岩巷施工正规循环率

通过对200份岩巷掘进调查问卷的研究，剖析影响岩巷掘进速度的直接原因，更重要的是找出影响的深层原因，作为分析岩巷掘进影响因子提取的依据。分析表明，岩巷掘进的主要影响可以归类为技术、装备、工艺、组织管理（爆破效果差、出渣速度慢、正规循环不畅）等4个主要的方面。但导致岩巷掘进水平进展缓慢的原因却不是单一的因素造成的，绝大多数是由以上多个原因共同作用造成的。

为了便于深层次挖掘影响岩巷掘进速度的原因，我们将这200个实例整理为地质条件复杂、技术（工艺）不够先进、组织管理不到位、施工机械不配套、其他原因等5个方面。从表2-1可以得到“组织管理不到位、地质条件复杂、技术（工艺）不先进、施工机械不配套”造成掘进速度缓慢的巷道占200条调研巷道的94.5%，其他原因（停风水电、矿车供应不足等）只占5.5%。其中，“组织管理不到位”占20.5%，“地质条件复杂”占15.5%，“技术（工艺）不先进”占33.5%，“施工机械不配套”占25%。以上四大因素中，“技术（工艺）”是影响最大的因素，“管理”和“机械”的影响程度次之。对于岩巷掘进施工来讲，水文地质条件（岩石硬度、顶板条件、涌（淋）水）是不可控因素，其余如组织管理和技术、机械因素都是可控因素，所以说岩巷钻爆法速度在合理组织和配套设施的情况下提高空间较大。

表2-1 原因类型分析

原因	组织管理不到位			地质条件复杂			技术（工艺）不先进			施工机械不配套			其他
原因细分	施工组织不合理	管理机制不健全	缺乏考核机制	岩石硬度大	顶板破碎	顶板淋（涌）水大	爆破技术	支护技术	出渣技术	钻孔时间长	支护时间长	出渣时间长	
与原因相对应岩巷数目	13	17	11	11	12	9	24	19	23	22	10	18	11
所占百分比	6.5%	8.5%	5.5%	5.5%	5.5%	4.5%	12.5%	9.5%	11.5%	11.0%	5.0%	9.0%	5.5%
	20.5%			15.5%			33.5%			25.0%			5.5%

2.3 我国岩巷钻爆法速度影响因子体系构建

岩巷钻爆法掘进速度的快慢，不是单一因素作用，而是多种因素共同作用的结果，而且各个因子之间存在着微妙的、复杂的因果联系，各个因子又与岩巷钻爆法速度水平存在非线性、动态的因果关系。所以说要想把岩巷钻爆法速度进展缓慢的原因搞清楚，并且了解各因子对岩巷掘进速度影响程度的大小，必须把这些因子以及因子之间的因果关系研究清晰，从大量的因子中找出导致钻爆法岩巷掘进速度变慢的深层原因，从而能有针对性地提出解决目前岩巷钻爆法的瓶颈问题的思路。本章主要通过对我国岩巷掘进实例剖析和问卷调查，对导致岩巷掘进速度的各个影响因子以及影响因子之间的因果联系进行系统分析。

2.3.1 岩巷钻爆法掘进速度影响因子体系

通过前面调研的岩巷掘进实例以及岩巷钻爆法掘进速度影响因子分析及问卷调查，借鉴前人对岩巷钻爆法掘进速度影响的研究，再由煤矿岩巷掘进工程的专家进行补充和修正，我们可以将所有提取的岩巷钻爆法掘进速度影响因子分为八大类：自然条件系统、凿岩系统、爆破系统、排矸系统、支护系统、运输系统、组织管理系统，以及辅助系统（通风、供排水、供电等），系统总体结构如图 2-6 所示。

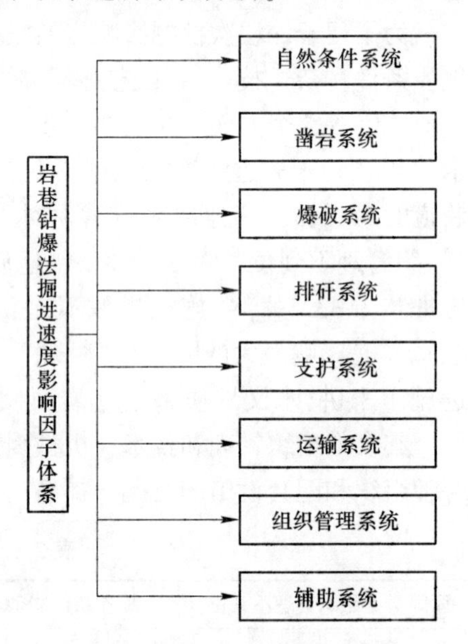

图 2-6 岩巷钻爆法掘进速度影响因子总体框图

通过我们详细的系统分析和深入的研究发现，岩巷钻爆法掘进速度影响因子体系中的八大子系统内部还存在相互联系（见图 2-7），表明岩巷钻爆法掘进速度影响因子是复杂化和非单一化的。本章在详细分析实例及因子问卷调查基础上，系统地研究影响岩巷钻爆法掘进速度的八大子系统及其内在联系和相互作用的机理，旨在完善岩巷钻爆法掘进速度影响因子体系。

(1) 自然条件子系统的关联影响。煤矿的水文地质条件是自然形成的，巷道的埋深、岩性，尤其是巷道掘进范围内水、地热、地压都对岩巷的掘进施工造成很大的影响。迎头水影响到岩巷的凿岩、排矸、运输、爆破等工作。地热，如果在掘进迎头温度过高会使得操作工人的工作效率下降，影响正常工序的进行。地压过大，钻孔速度和爆破效率都会受到影响。如果水文地质条件恶劣，可能就需要调整工人的劳动时间以保证劳动效率，由三八制作业改为四六制等。所以，水文地质子系统与凿岩、排矸、运输、支护、爆破等子系统都有关联。

(2) 辅助子系统的关联影响。辅助子系统主要是指通风、给排水、机电等除了掘进系统外的煤矿生产系统。通风工作是煤矿正常生产的前提，煤矿生产中如果通风系统或者迎头工作面无风时，整个生产必须停止。通风系统影响到岩巷

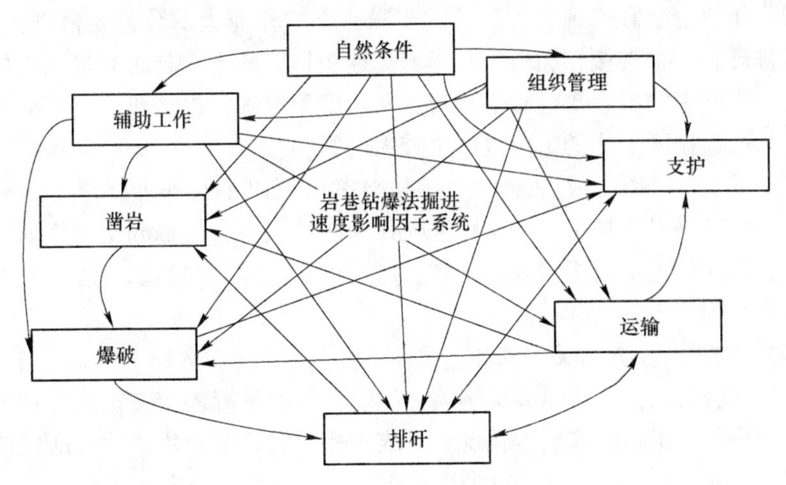

图 2-7 掘进子系统的关系

掘进的正常工作。对排水来讲，在岩巷实际生产过程中，凿岩机械、支护机械等都会用到水，再加上迎头的淋涌水。迎头水的及时排出与否对迎头的影响较大，影响到岩巷的掘进工序和速度。机电系统的正常与否，直接影响到巷道掘进设备的正常运转，对岩巷掘进的影响也较大，所以辅助子系统与凿岩、支护、排矸、爆破、运输、支护等子系统都存在关联。

(3) 凿岩子系统的关联影响。凿岩子系统，凿岩速度是岩巷快速掘进施工中重要的一个指标。不同的凿岩机械受到的影响也不尽相同，气腿式凿岩机的凿岩与辅助子系统中的供水系统密切相关。凿岩台车就与机电系统、供水有关。组织管理对凿岩工作具有重要的影响，凿岩的快慢除了与凿岩机械有关外，凿岩的组织好坏对速度产生较大影响。排矸快慢也影响到凿岩工作开展的及时与否，凿岩和排矸、后路运输可以平行作业，它们的关联影响不大。

(4) 爆破子系统的关联影响。爆破子系统与凿岩子系统具有较强的联系，不仅是因为凿岩钻孔工序之后是爆破工作，更重要的是凿岩工作的质量好坏对爆破工作的效果好坏产生很大的影响。如掏槽孔的角度、深度、位置直接影响掏槽的爆破效果，辅助孔的孔口距、孔底距等参数以及周边孔的位置、深度都对爆破效果产生至关重要的影响。爆破质量的好坏尤其是周边孔爆破质量的好坏对岩巷的支护作业影响较大，爆破后孔痕率高，超欠挖不严重，则喷浆反弹率就低，支护时间就短，反之将大幅提高支护时间。如果钻孔作业的情况良好，能够做到“平、直、准、齐”，那么钻孔在整个岩体内的分布比较均匀，爆破后矸石会均匀，大块率较低，反之，大块率较高，影响排矸和运输作业。

(5) 排矸子系统的关联影响。排矸影响到运输子系统，排矸要与运输相适应，运输的皮带或者矿车要供应及时，才能保证岩巷排矸的连续性。排矸和支护能够平行作业也能影响到支护工艺的步骤，支护作业大部分都要借助渣堆进行，因此，排矸和支护直接存在着关联影响。迎头排矸的干净与否对打孔工序也会产生影响，排矸不完全容易导致炮孔位置和角度不准确，进而影响爆破效果。组织管理子系统对排矸工作的组织也产生较大的影响。

(6) 运输子系统的关联影响。运输与凿岩可以平行作业，但是运输对支护有影响，尤其是对支护工艺中实行复喷作业的情况下，运输和支护作业尽量不能冲突，这就需要施工组织的合理安排。所以运输与排矸和组织管理、辅助工作等产生关联影响。

(7) 支护子系统的关联影响。如前所述，爆破、运输、排矸、水文地质、辅助工作都会对支护产生重要的影响，组织管理的情况决定支护的合理情况，包括人员的布置、机械的布置等情况，对支护质量和速度产生影响，所以他们之间产生相互关联。

(8) 组织管理子系统的关联影响。如前所述，组织管理存在于岩巷快速掘进施工的各个工序，对各个工作产生影响，而工作的内容和环境又反作用于组织管理，所以组织管理子系统与各个子系统之间存在关联。

2.3.2　各子系统的子因子分析

岩巷钻爆法掘进速度影响因子体系中的八大子系统因素，是基于岩巷掘进施工工序的影响因子进行的研究分类，实际上它们各自又包含着诸多子因子，它们都是岩巷钻爆法掘进速度影响因子体系的有机组成部分，只有充分考虑了它们，才能使得影响因子体系更加详细和适用，尤其是在岩巷实行快速掘进的决策中能够直接接触的部分，同时各个子因子之间又存在着内在的作用联系，使得岩巷钻爆法掘进速度的影响因子更加复杂。

2.3.2.1　自然条件子系统

自然条件是煤矿或者巷道所处的原始条件，在岩巷掘进生产中受人为控制影响幅度相对较弱，但也是影响岩巷掘进速度的原始原因，不容忽视。我国煤矿95%以上都是井下作业，工作场所窄小，地质构造复杂，自然灾害较严重，危险、有害因素较多，水、火、瓦斯、冒顶等灾害时常发生。构成自然条件的主要因素及内在联系如图 2-8 所示。

A　瓦斯

我国煤矿具有瓦斯爆炸危险的矿井普遍存在，约一半煤矿是高瓦斯矿，在国有重点煤矿的 609 个矿井中，高瓦斯矿井占 26.8%，瓦斯突出矿井占 17.6%，低瓦斯矿井占 55.6%。随着开采深度的增加，瓦斯涌出量的增大，高瓦斯和瓦斯突出矿井的比例还会增加。随着我国煤矿开采深度的加大，煤矿瓦斯事故不仅量

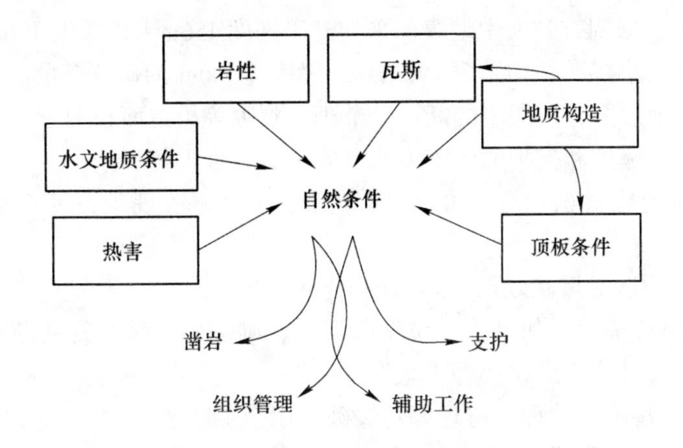

图 2-8 自然条件子系统

多，而且其危害也大，容易造成群死群伤，对矿井造成严重破坏。

B 水文地质条件

我国煤矿水文地质条件相当复杂，国有重点煤矿中，水文地质条件属于复杂或极复杂的矿井占 27%，属于简单的矿井占 34%；地方国有煤矿和乡镇煤矿中，水文地质条件属于复杂或极复杂的矿井占 8.5%。岩巷工程受到承压水的影响较少，但是万一遇到承压水，掘进时可能会突然涌出，这样对作业工人和设备等造成很大的危害。所以，在掘进过程中，应采取合理的防治措施，防止和减少地下水的危害，保障施工安全。

C 热害

热害已成为新灾害，国有重点煤矿中有 70 多处矿井采掘工作面温度超过 26℃，其中 30 多处超过 30℃，最高达 37℃。随着矿井采掘工作不断向井田深部发展，由于地热、压缩热、机械热等各种热源的影响，越来越多的矿井不可避免地出现高温问题，而人体对高温的接受能力是有限的。高温环境对劳动者的影响最终反映在劳动者的行动与行为上，动作的准确性、协调性和反应速度的降低，就会增加人为失误，工作质量、安全问题更突出。

D 顶板条件

我国煤矿顶板条件差异较大，多数大中型煤矿顶板属于Ⅱ类（局部不平）、Ⅲ类（裂隙比较发育），Ⅰ类（平整）顶板只占 11%左右，Ⅳ类、Ⅴ类（破碎、松软）顶板约占 5%。相对于世界其他主要产煤国而言，我国煤田地质构造相对复杂。顶板的管理关系到岩巷快掘的安全性，对岩巷掘进来说也是重要的影响因素。

E 地质构造

在国有重点煤矿中，地质构造复杂或极其复杂的煤矿占 36%，地质构造简单的煤矿占23%。据调查，大中型煤矿平均开采深度456m，采深大于600m的矿井产量占28.5%；小煤矿平均采深196m，采深超过300m的矿井产量占14.5%。岩巷工程构筑在地层中，地层中的断层、节理、裂隙等构造面在力学上是弱面，它和岩石的性质对爆破和支护的施工方法及安全有着极大的影响。

(1) 地质构造对凿岩作业的影响有：易产生偏滑现象，易产生振动，易卡钎。

(2) 地质构造对爆破效果的影响如下：

1) 影响爆破漏斗，如果正好位于断层上，则爆生气体容易从断层破碎带冲出，降低爆破效果，会出现“冲天炮”。

2) 节理、裂隙、片理、劈理等对爆破作用产生影响。

3) 软弱夹层使得爆生气体逸出变容易，较强的空气冲击波携带大量飞散物，对人员及设备安全造成威胁。

4) 褶曲一般影响爆破岩石块度。

5) 岩石溶洞造成的爆破能量密度分布不均，引起爆破效果不佳、“冲天炮”造成安全事故。

(3) 地质构造对围岩稳定性的影响。围岩也称为工程岩体，它一般为岩巷横断面中最大尺寸的3~5倍。在坚硬的均质地层或较厚的地层中掘进时，可不支护或少支护。在节理发育的地层中掘进、穿过褶曲构造或过断层时，应尽量避开易塌方区域，必须加强支护和防排水措施或及时支护。

2.3.2.2 辅助工作子系统

本书所指的辅助子系统主要是指为掘进生产服务的通风系统、供排水系统、机电系统（见图2-9）。通风是煤矿建设七大系统之一，对掘进的影响较大。通过调查问卷统计分析可知，有99人认为机电系统的可靠性是影响岩巷掘进的主要因素，占到总调研人数的70.2%，供排水和通风系统分别有76人和77人选择，分别占到总受访人数的54.6%和53.9%。

矿井通风是煤矿进行安全生产工作的基础，同时也是稀释和排除瓦斯和粉尘最有效、最可靠的方法，能够为井下煤矿生产工人创造良好劳动环境，所以矿井生产的通风工作是一项重要的基础工作，没有通风工作就没有煤矿的生产，通风工作的可靠性就成为岩巷掘进的重中之重。

随着科学技术和自动化的不断发展，越来越多的大型机械设备在煤矿的岩巷掘进中得到了广泛的应用，譬如大型的耙矸机、凿岩台车等。因此，对岩巷掘进电网的供电质量要求也随之提高，供电系统的可靠性成为制约岩巷掘进的主要因素。所以说掘进供电系统的可靠性不仅关系到煤矿的产量和效益，而且直接影响到煤矿其他重要系统的设备运行，如通风系统、提升运输系统、监测系统、排水

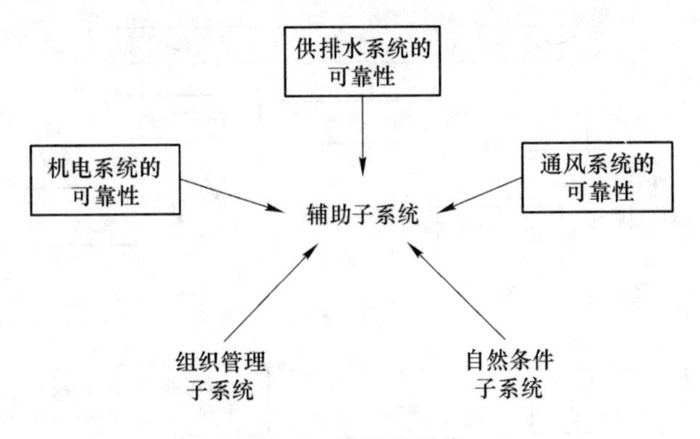

图 2-9 辅助子系统

系统、照明系统等都离不开供电。因此，拥有一套安全可靠的供电系统，是保证煤炭企业安全、高产、高效的必要条件。

在我国煤矿中，深井大涌水量的矿井占有相当大的比例，其中大中型煤矿有500多个工作面受水害威胁，有4.6%的小煤矿存在突水危险。排水系统是井下防治水灾的关键设备，其系统的安全性直接影响井下生产的安全性和连续性。因此，选择与使用正确的排水设备，合理配置排水系统，提高系统运行效率，对于煤矿生产和节能提效均有着十分重要的意义。

2.3.2.3 凿岩子系统

岩巷掘进首先要破碎岩石，凿岩工作是岩巷破碎岩石的第一步，是用凿岩机具以机械方法在岩体中钻凿炮孔，然后进行装药爆破。目前钻孔爆破的凿岩机主要有冲击式凿岩机和液压钻机两种。对凿岩工作来讲，最关注的是它的凿岩速度，据统计，应用气腿式凿岩机时，凿岩工作时间在整个作业循环时间中占的比例很高，约为40%~50%，尤其是硬岩或装岩运输机械化程度较高的时候，甚至可以达到50%~75%。凿岩速度的影响因素主要有岩石的可凿性、凿岩机的性能和凿岩作业条件，具体影响因素如图2-10所示。

对凿岩工作来讲，工作对象就是岩石。岩石对凿岩工作的影响主要有岩石可凿性和磨蚀性。岩石的可凿性通常用岩石的坚固性系数来表示。通常情况下，岩石的坚固性系数越大，可凿性就越差，凿岩速度就会越低。试验表明，凿岩速度随着岩石的坚固性系数呈现非线性下降。岩石的两性直接影响凿岩作业，坚固而且具有韧性的岩石凿岩就比较困难，增加了钎杆断裂的危险；磨蚀性强的岩石对钎头的磨损就剧烈；硬岩对凿岩机的要求就是要有较大的冲击功；而对于软岩来讲，主要的问题是磨碎的岩粉冲洗的问题。

对凿岩工作来讲，凿岩的主体是凿岩机，凿岩机的性能对凿岩速度的影响主要表现在如下几个方面：（1）冲击功对凿岩速度的影响。（2）凿岩机冲击频率

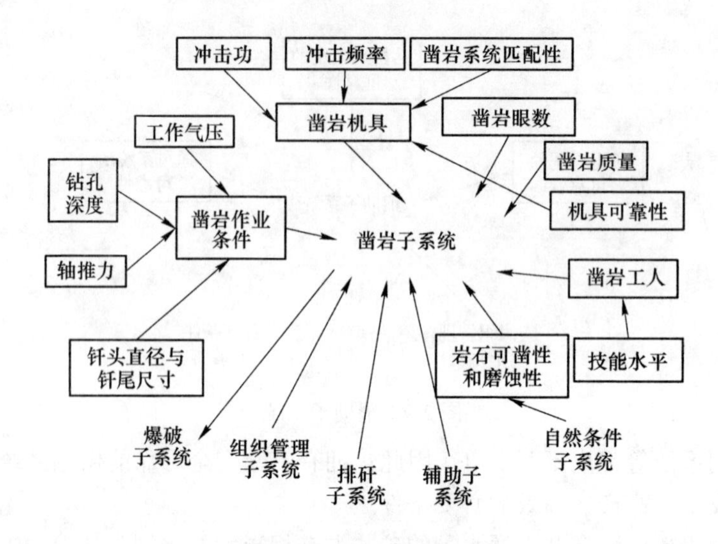

图 2-10 凿岩子系统

对凿岩速度的影响。(3) 凿岩系统匹配对凿岩速度的影响。

凿岩作业中，岩石条件是人为条件不可控制的，但是有些因素是可以控制和改变的，如工作气压、钻孔深度、轴推力、钎头直径与钎尾的精度。

(1) 工作气压对凿岩速度的影响如表 2-2 所示。

表 2-2 工作气压对凿岩速度的影响

工作气压/MPa	0.30	0.40	0.50	0.60	0.63	0.70	1.00	1.60
气压影响系数	0.31	0.51	0.71	0.93	1.00	1.16	1.89	3.49

(2) 钻孔深度对凿岩速度的影响。研究表明，气腿式凿岩机，孔深每增加 1m，凿岩速度大约能降低 4%~8%。

(3) 轴推力对凿岩速度的影响。凿岩时，给予凿岩机一定的轴推力，最佳轴推力是正好能抵消钎子从孔底弹起和后坐力。

(4) 钎头（钎刃）的直径决定了凿岩的面积，也决定了冲击凿入系统的匹配条件，从而确定了凿入岩石能量的利用率。

2.3.2.4 爆破子系统

为了获得预期的爆破效果，应充分利用客观的有利因素或人为地创造有利条件，避免或克服不利因素。影响爆破效果作用的因素主要有炸药的性能、岩体特性、自由面及爆破参数等，如图 2-11 所示。

A 炸药性能对爆破的影响

在炸药的物理性能、热化学参数和爆破性能中，直接影响爆破作用及其效果

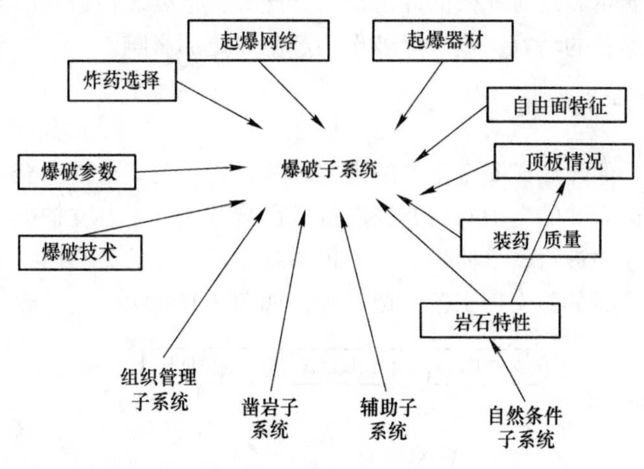

图 2-11 爆破子系统

的主要有密度、爆热、爆容和爆速。它们决定了爆轰压力、作用时间和传递给岩体的能量。破碎及抛掷岩石是靠炸药释放出的热量来做功，增加炸药的爆热和密度，可提高炸药单位体积的能量密度（即爆速）。

爆破时，岩石破碎是在冲击波和爆生气体膨胀压力共同作用下产生的。一般认为，对整体坚硬岩石，应用高爆速炸药；对软弱并有塑性变形的岩石，应该选用爆生气体生成量较多的炸药。爆炸压力是爆轰气体产物膨胀作用在孔壁上的压力，它的作用时间与炸药本身的性能和炮泥的堵塞质量有关。爆炸压力过高，会产生过度粉碎现象，并造成岩石大块率上升。因此，对于光面爆破，低密度、低爆速、爆容大的炸药是首选。

B 岩体特性对爆破的影响

岩体特性包括物理力学性质、动态力学性质和构造特性等，它们对于爆破作业是不可控因素。

C 自由面对爆破的影响

自由面的数目、大小、位置与炮孔的夹角直接影响爆破效果。自由面的数目越少，自由面越小，爆破受到的夹制作用就越大，爆破就越困难，单位炸药消耗量就越大。对于掘进工作面，它只有一个不大的自由面，当炮孔深度较大时，爆破漏斗遇到工作面周围岩体的极大阻力，即夹制作用，这时爆破效果就会降低。

D 爆破参数与装药结构对爆破的影响

爆破参数中的最小抵抗线、单耗、炮孔密集系数、不耦合系数等，关系到炸药能量的时空分布及合理利用，从而影响爆破效果。一般来说，当不耦合系数大于1时，爆轰波对孔壁的冲击作用降低，不利于岩石的破碎。这对爆破坚硬岩石是十分不利的，但对于需要防止孔壁岩石过度粉碎的光面爆破，常常借助增大不耦合系数来控制爆轰波对孔壁的冲击作用。此外，连续装药或间隔装药、起爆药包的位置以及炮孔的堵塞，也对爆破作用产生一定的影响。

2.3.2.5　支护子系统

支护系统是保障煤矿安全生产的必要环节，岩巷的安全性完全是依靠支护系统来完成，煤矿岩巷的支护对岩巷快速掘进影响较大，岩巷支护的进度选择直接影响到下步工序的进行，总体来讲，支护系统中对岩巷的影响因素主要有支护参数的选择、支护器具、支护工艺的选择等，如图 2-12 所示。

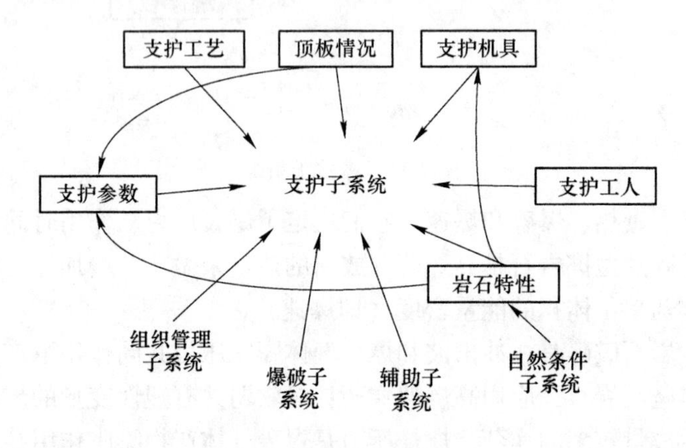

图 2-12　支护子系统

A　支护参数

支护参数由岩巷的岩性、顶板情况、地压等影响决定，支护参数的合理选择对岩巷的施工方法产生重要影响，支护参数包括锚杆密度、锚索密度、喷浆厚度，这些都直接影响到岩巷支护速度的快慢。所以，支护参数的合理设计是在保障安全的前提下进行快掘的首要选择。

B　支护机具

支护机具主要是指锚杆孔机械，以及锚索孔机具、喷浆机械等。支护机具的选择通常由支护机械的钻孔速度来衡量，还要考虑支护机械的钻孔能力与岩性的匹配性，岩石较硬的情况下，锚杆钻机的钻孔速度就会受到很大限制。

C　支护工艺

支护工艺的选择决定了支护工作中各个分解工序的先后顺序，一般现在常用的支护工艺为“一次支护”和“二次支护”。一次支护具有施工速度较快、一次施工成型的特点，以后不用再进行复喷混凝土作业；二次支护具有初喷施工速度快，占用循环作业时间少的特点，在能保证施工安全的前提下，大幅加快支护施工速度，同时复喷作业能与迎头作业平行，对实现岩巷快速掘进意义重大。所以支护工艺的选择对支护子系统的影响很大。

2.3.2.6　排矸子系统

钻爆法岩巷施工中，矸石的装载是最繁重、最费工时的工序，一般情况下它占到掘进循环时间的35%~50%。因此做好矸石的装排工作，可以提高劳动效率、加快掘进速度、改善劳动条件和降低成本。排矸子系统的影响因素主要有矸石的块度、装岩设备及其选择、操作工人技能水平、排矸的组织管理，如图2-13所示。

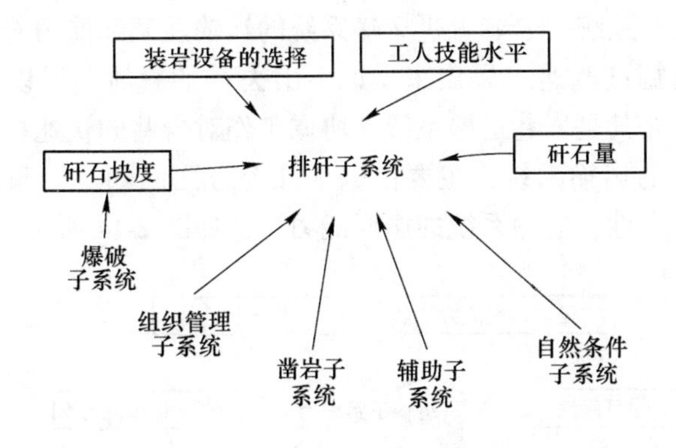

图2-13　排矸子系统

根据调研的200条典型岩巷实例可以看出，在我国目前岩巷的排矸工艺方面，耙岩机是主要的排矸工具，占到调研巷道的88%。所以耙岩机是我国岩巷掘进迎头排矸的主力装备。装岩能力是岩巷装岩运输综合排矸能力大小的前提，而且装岩能力大小对岩巷月进尺的高低产生直接影响，从文献［93］国内外岩巷快速施工实例可以得出这样的结论：工作面实际装岩能力以及单位掘进断面装岩运输综合排矸能力越高，岩巷月进尺就会越高。

矸石的块度对岩巷出渣影响较大，主要是说块度越大，对耙岩机来说，一次耙装的矸石量就少，同时在耙斗行进过程中容易产生来回“晃动”，使耙矸量减少，并且容易损坏耙矸钢丝绳，增加了钢丝绳断裂的危险。所以块度对出渣效率影响较大。

装岩设备的型号不仅要满足排矸量的需求，同时要满足巷道断面高度和宽度的要求，满足工人、设备、材料进出工作面所需的空间要求。

排矸系统的连续性即排矸的快慢与连续性密切相关，连续出矸提高了出渣设备的利用率，也间接提高了工人的劳动效率。比较常用的耙岩机和矿车的组合出渣连续性就不及耙岩机和皮带的组合，主要是因为皮带出矸能够连续运转、连续出矸，而矿车出矸，中间有停歇，且受到车皮供应的限制，所以，对排矸系统来讲，排矸系统的连续性对岩巷实现快掘至关重要。

耙岩机是一种操作简单的装岩设备，耙装的矸石量多少很大程度上取决于操作工人的操作水平。操作工人对机械性能的掌握有利于出矸工作的顺利进行，耙岩机的操作一般由施工班组的班长进行操作，其他工人要掌握还需经过专门的培训。

2.3.2.7 运输子系统

运输系统是煤矿岩巷掘进正常生产的根本保证，是矸石、设备、人员和材料等进出巷道所必备的，它需要与煤矿井下其他的运输系统和地面生产运输系统配合构成煤矿综合生产系统。岩巷掘进运输系统的运输及调配能力对岩巷掘进有很大制约，往往巷道掘进遭遇“爆出来、运不出去”的尴尬，所以说做好煤矿运输系统协调工作，尤其是岩巷运输系统的协调工作对岩巷的快速掘进工作具有重要意义。岩巷掘进的运输系统，主要由以下几个方面制约：运输系统的运输能力、运输系统的可靠性、运输系统的调配能力等，如图 2-14 所示。

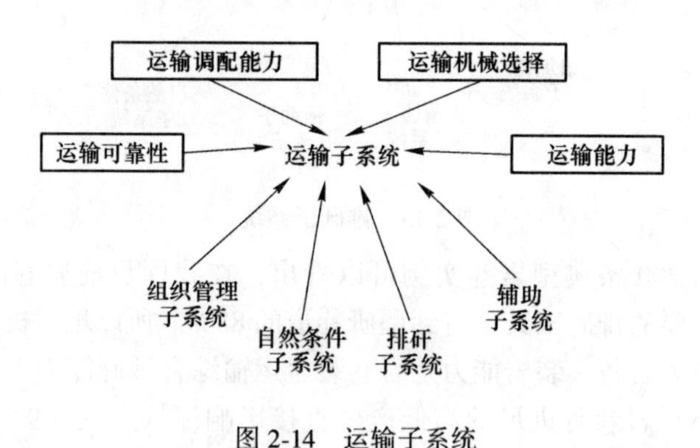

图 2-14 运输子系统

2.3.2.8 组织管理子系统

巷道掘进施工的组织管理因素主要包括管理机制、劳动组织管理、人力资源管理、安全管理、教育培训、设备管理等，其结构及内在关系如图 2-15 所示。

A 管理机制

“不以规矩，不能成方圆”。在掘进班组管理中，只有一整套完善、科学、严格又合理的管理制度，才能保证班组建设质量的提高。管理机制是通过完善的管理制度和健全的管理体系来影响管理决策的科学度和决策传达的效率。岩巷掘进中的操作规程、安全管理规章制度，都是用来约束工人安全生产行为的。管理机制的关联范围包括人力资源管理、劳动组织管理和设备管理等。安全岗位人员安排计划、生产班组编排、掘进设备维修及管理、通风系统设备管理等，都应有严格的管理制度约束，才能保障岩巷快掘的运行。

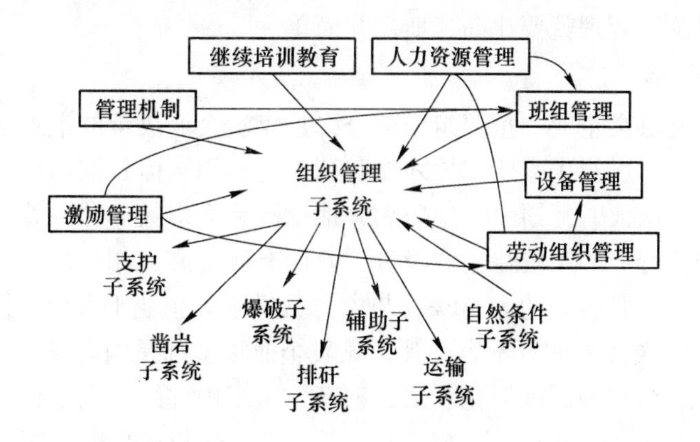

图 2-15 组织管理子系统

B 继续培训教育

继续培训教育是施工组织管理的重要组成部分，加强岩巷掘进技术培训、新装备学习培训是提高掘进施工工人整体素质的最直接途径，有利于加强工人管理，规范工人操作行为。

C 人力资源管理

煤矿从业人员整体上来讲素质不高，专业技术人才流失严重，所以专业技术人才严重匮乏。据煤炭管理部门对六省八个大型煤炭企业 56.3 万名职工的调查：初中及小学文化程度的占 50%以上，而专业技术人员仅仅占职工总数的 16.3%。因此，职工队伍素质低、技术人员缺乏，已成为煤炭工业发展的瓶颈。

D 劳动组织管理

劳动组织管理是依据掘进生产的需要、生产环境，对工人生产的安排、组织、协调和灾害撤离等活动。煤矿生产的特殊性凸显了劳动组织管理的重要性。劳动组织管理中生产人员的安排计划、安全岗位设置等方面，受到人力资源规划和管理制度等制约，因此劳动组织管理与人力资源管理、管理机制存在内在关联。

E 设备管理

设备管理是指在掘进生产中对各种装备设施的统筹、检测、维护、控制等活动。例如，掘进设备的管理、掘进通风系统管理、瓦斯监测系统管理等。掘进设备是岩巷掘进的重要依靠，只有在日常的使用过程中勤加维护，才能提高机械设备的可靠性，才能使得掘进工作顺利进行。同时，设备管理受到装备设施性能的制约，比如装备设施比较先进、安全可靠性高，那么设备管理就相对容易实施，设备管理的效率就比较高；相反，如果装备设施落后，就会增加设备管理的难度。设备管理的效果与自然条件因素也有一定关系，例如低瓦斯矿井的瓦斯监测系统、通风系统等管理就要比高瓦斯矿井简单。

F 激励管理

煤炭工人是煤炭企业的重要组成部分，是煤炭企业决策的最终实践者，先进的生产技术必须为煤炭工人所掌握才能起到应有作用。但长期以来，煤炭工作环境差、收入低，水大、瓦斯大、地压大、地温高是大多数矿井的特征。让人更难理解的是，艰苦行业的工资待遇并没有因此而有所提高，相反却很低，与石油天然气能源企业相比，收入约为60%，与电力、供暖等企业工人相比仅为它们收入的50%。并且煤炭发展前景不容乐观，煤炭企业很多都是国有煤炭企业，建井年头都比较久，组织管理制度僵化、缺乏创新，组织内部缺乏竞争机制，导致工人普遍认为“干多干少一个样、干好干坏一个样”，这些在很大程度上限制了工人的积极性。所以，对掘进工人的激励管理成为岩巷快速掘进的重要内容。

激励不足是目前我国煤矿企业激励工作中存在的最大问题，也是建立现代煤炭企业制度要解决的首要问题。物质激励如工资、薪金等，在实际操作过程中仍然多采用“一刀切”的方式，吃“大锅饭”的现象在很多国有煤矿还普遍存在，工人个人的收益没有和工人的实际工作量挂钩，导致了工人的工作积极性降低。如现在好多煤矿掘进进尺任务由上级下达，煤矿并没有自主权，只要完成进尺计划就行，进尺超计划也没有奖励，煤矿企业丧失积极性。同理，煤矿在完成上级任务的前提下安排月进尺任务就行，煤矿本身没有奖励资金来源，对工人缺乏奖励激励，发挥不出煤炭工人的所有潜能，使得煤炭企业的生产效率大大降低。

G 班组管理

班组作为煤炭企业的细胞，是煤炭企业发挥正常生产力的基本单位。现实中，班组成员占大多数，体力、能力等诸多方面又不平衡，这方面被忽视，出现了“一头重、一头轻”的现象，严重制约了班组管理的规范化。人的素质决定着能力的发挥，影响着班组管理的质量。采掘班组职工的文化水平、思想状况、业务能力、技术水平等方面存在差异，总的素质较低，增加了管理的难度，制约着班组管理水平的提高，必须培育、增强员工素质，推进管理的规范化，所以继续培训教育是一个重要的手段。采掘班组“麻雀虽小，五脏俱全”，需要多工种和岗位的共同配合，但是工作的内容有轻重繁简，工作能力强、操作经验多的职工，理所当然挑重担，而其他相对较差的职工就只有打“杂”的份。推行“个人-班组”双重考核制，先个人定额考核，后整个班组的实际考核，推行个人任务与班组效率双重考核约束激励机制，使“小而全”的班组成员利益捆绑在一起，凝聚团队意识，提高劳动效率，使得班组的整体效能得以充分发挥。同样地，班组之间可能具有相对独立性，从任务、管理、考核、人数等方面也不尽相同，但是大局观念和竞争意识必须并存，班组之间的紧密配合要与管理机制配套统一。通过以上的分析，班组管理与管理制度、激励管理、继续培训教育、人力资源管理等相关联。

2.3.3 岩巷钻爆法掘进速度影响因子体系总体构建

2.3.3.1 掘进系统因子总框图

本章以调查问卷分析得到的因子为主，文献收集的各个因子为辅，统一纳入到因子体系中，便形成了岩巷钻爆法掘进速度影响因子体系的总结构图，如图2-16所示。按照层次分析方法的分析，我们构建的总结构图分为三级，从图中可以清楚地了解影响岩巷掘进的主要因子。

2.3.3.2 岩巷掘进系统因子总图

岩巷钻爆法掘进速度影响因子体系图仅列出了各个影响因子层级结构关系，因子与因子之间的内在联系通过框图并不能清楚地反映出来，因此这种框图可以进行岩巷钻爆法掘进速度影响因子的简单分析，而对于岩巷掘进系统进行分析还是不够的。要进行深入分析还需要描述子因子之间的关系，将前文分析的子因子相互关系融入总结构图，这样就构成了岩巷钻爆法掘进速度影响因子交叉图（如图 2-17 所示）。通过交叉图不仅可以直观地得到影响岩巷掘进速度的各个影响因子，而且可以清晰地了解到影响因子之间的内在关系，更容易使我们清楚岩巷掘进系统的复杂性，影响因子的层级结构也可进一步分析得到。

2.3.4 岩巷钻爆法掘进速度影响因子层级分析

解释结构模型是分析复杂的社会经济系统结构问题时采用的一种最基本、最有特色和最常用的系统结构模型化技术，其英文为 interpretive structure model（简称 ISM），由美国 J. N. 沃菲尔德教授于 1973 年首创。其基本思想是：通过各种创造性技术，把复杂的系统分解为若干子系统要素，对要素及其因子关系等信息进行处理，明确问题的层次和整体结构，将系统造成一个多级递阶的结构模型，以此来提高对系统的深入认识和理解程度。该模型技术的特点是数学知识需求浅显、模型直观易懂且具有启发性，所以该模型适用于认识和处理各类社会经济系统的问题。这也是本书应用解释结构模型来对岩巷钻爆法掘进速度影响因素的结构进行具体分析的原因。

（1）岩巷快掘定义与影响因子的确定。岩巷快速掘进的定义因巷道所处矿区不同而异，但是岩巷快速掘进必须的条件无论在哪个矿区是都要满足的。第一，快速掘进系统的辅助子系统必须满足快速掘进需要。主要是指后路运输系统的故障率要低，供排水、通风、供电可靠性等条件对快掘影响要小。第二，掘进各个工序要有最大限度的平行作业。第三，掘进月进尺应达到一定的水平。一般

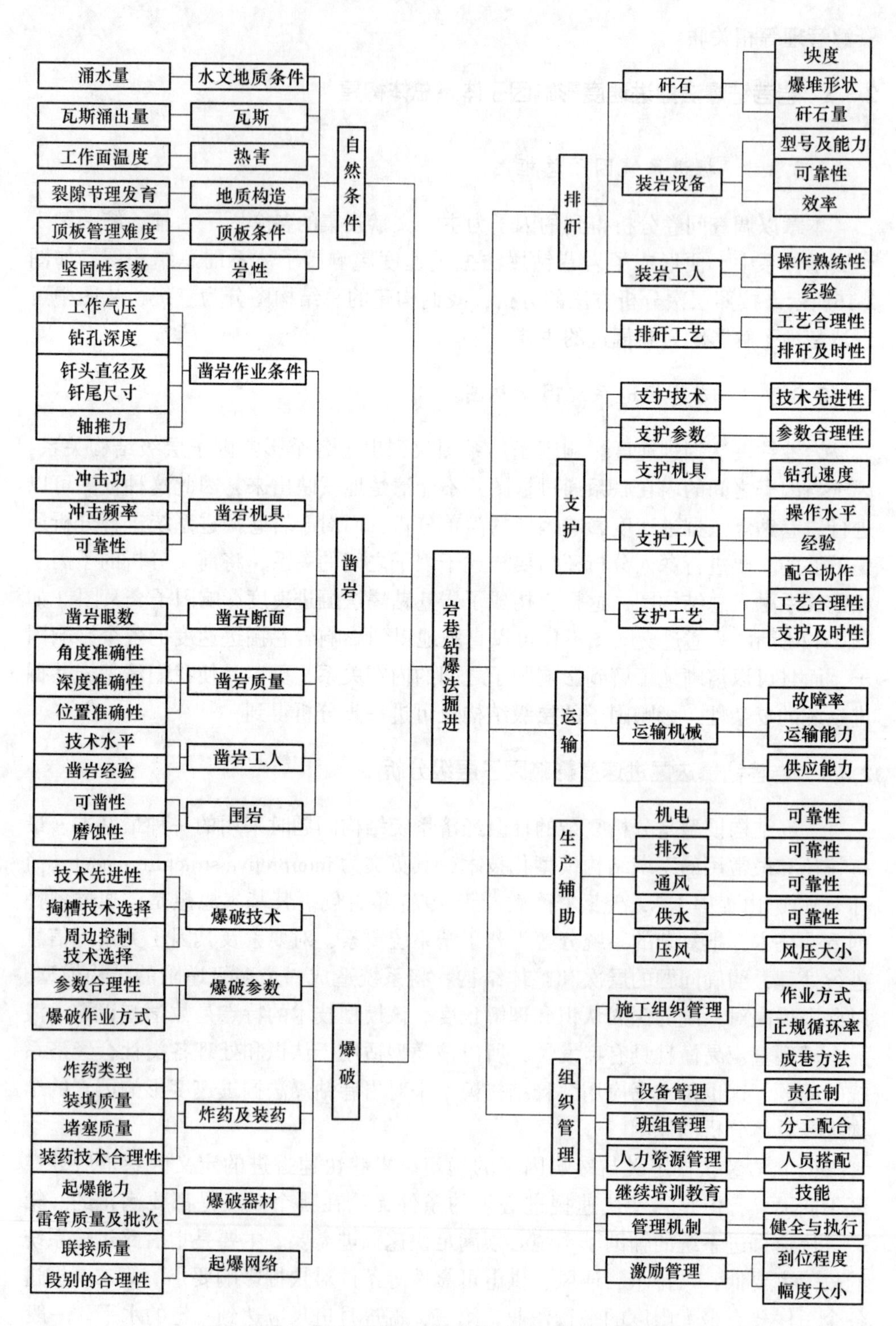

图 2-16　岩巷钻爆法掘进速度影响因子体系总结构图

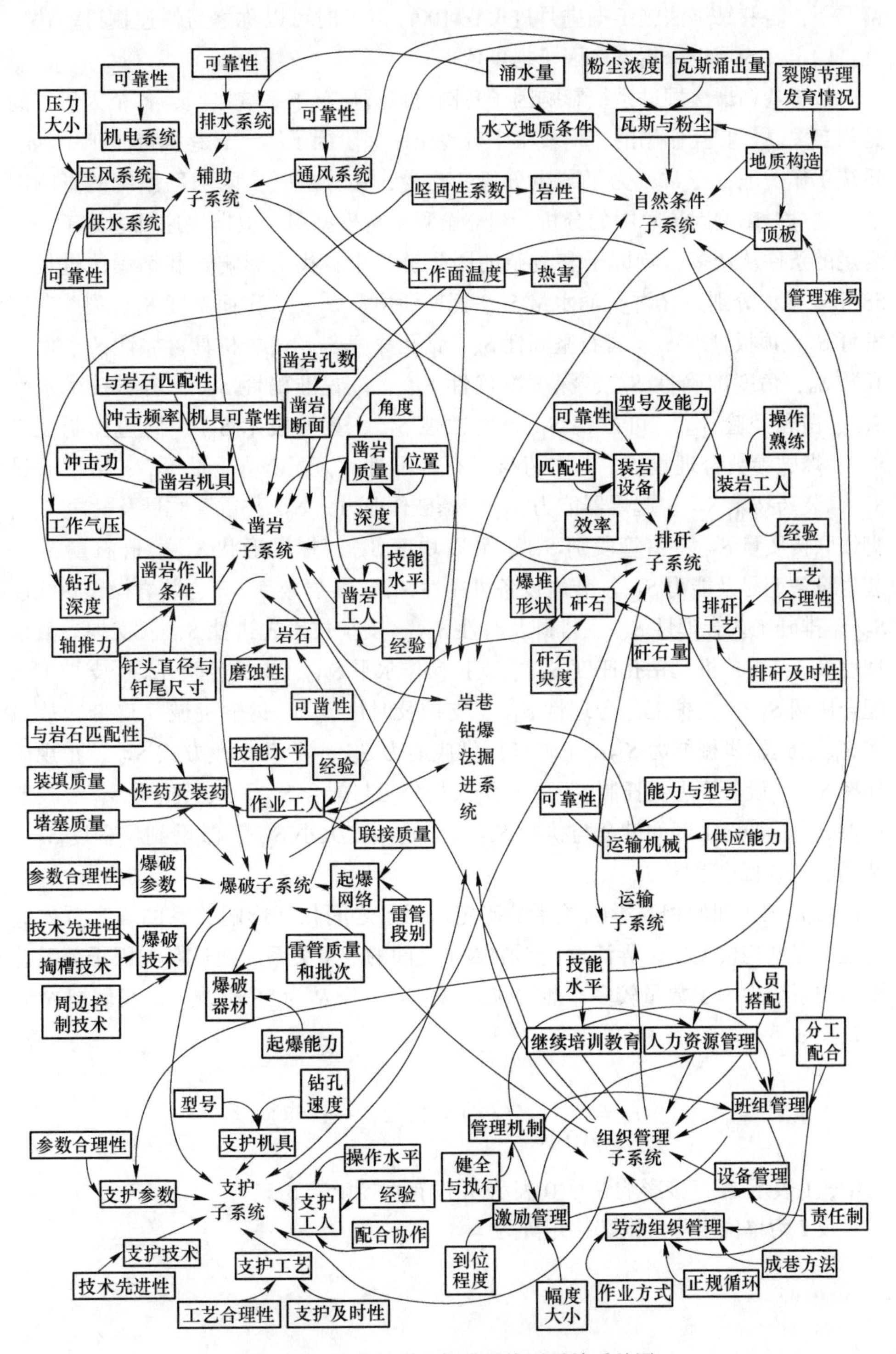

图 2-17 岩巷钻爆法掘进系统因子关系总图

情况下，岩巷钻爆法施工掘进月进尺在100m以上时可以称之为快速掘进。快速掘进的定义为层级分析选取因子提供依据。

从岩巷钻爆法掘进系统影响因子总图可以看出，子系统之间、各个因子之间是相互关联、相互作用的，构成了十分庞杂的递阶因子链。岩巷掘进施工中辅助系统工作一般都正常，为了减少分析工作量，在分析时去除辅助系统的影响因子，通过对影响因子总图的分析，建立解释结构模型图。根据快速掘进施工需要满足的条件从众多影响因子和复杂的因子链当中，找出影响岩巷钻爆法进尺的58个要素，分别为（淋）涌水量 S_1、瓦斯涌出量 S_2、工作面温度 S_3、裂隙节理发育 S_4、顶板管理 S_5、岩石坚固性 S_6、钻孔深度 S_7、凿岩机具可靠性 S_8、凿岩孔数 S_9、角度准确性 S_{10}、深度准确性 S_{11}、位置准确性 S_{12}、凿岩技术水平 S_{13}、凿岩经验 S_{14}、可凿性 S_{15}、磨蚀性 S_{16}、掏槽技术 S_{17}、周边控制技术 S_{18}、爆破参数合理性 S_{19}、炸药与岩石匹配性 S_{20}、装填质量 S_{21}、堵塞质量 S_{22}、装药技术 S_{23}、起爆器能力 S_{24}、爆破作业方式 S_{25}、雷管质量及批次 S_{26}、脚线联接质量 S_{27}、雷管段别 S_{28}、矸石块度 S_{29}、爆堆形状 S_{30}、矸石量 S_{31}、装岩设备型号及能力 S_{32}、装岩设备可靠性 S_{33}、装岩效率 S_{34}、装岩操作熟练性 S_{35}、排矸工艺合理性 S_{36}、排矸及时性 S_{37}、支护技术先进性 S_{38}、支护参数合理性 S_{39}、支护机具钻孔速度 S_{40}、支护操作水平 S_{41}、支护经验 S_{42}、支护工人配合协调 S_{43}、支护工艺合理性 S_{44}、支护及时性 S_{45}、运输机械（皮带）故障率 S_{46}、运输机械能力 S_{47}、（矿车）供应能力 S_{48}、劳动作业方式 S_{49}、正规循环率 S_{50}、设备管理责任制 S_{51}、班组人员分工与配合 S_{52}、人员搭配 S_{53}、技能培训 S_{54}、管理制度的健全与执行 S_{55}、激励幅度大小 S_{56}，激励到位程度 S_{57}、钻爆法岩巷掘进系统 S_{58}。

(2) 因子间的相互影响关系的确定。因子之间相互影响关系的确定首先应建立解释结构模型，来弄清这些影响因子之间的逻辑关系。通过影响因子关系总图可知系统中因子数量较多，能够建立的关联矩阵 $\boldsymbol{R}$ 为58阶方阵。我们把 $\boldsymbol{R}$ 元素定义如下：

$$r_{ij} = \begin{cases} 1 \\ 0 \end{cases} \quad (i, j = 1, 2, \cdots, 58)$$

式中，1表示 S_i 直接影响 S_j；0表示 S_i 没有直接影响 S_j。

设 $\boldsymbol{I}$ 为单位矩阵。则邻接矩阵为

```
1 0 0 0 0 1 0 0 0 0 0 0 0 0 0 1 0 0 0 0 0 1 0 0 0 0 0 0 0 0 0 0 0 0 0 0 0 0 1 0 0 1 0 0 0 0 1 0 0 0 0 0 0 0 0 0 0 1
0 1 0 0 0 0 0 0 0 0 0 0 0 0 0 0 0 0 0 0 0 1 0 1 0 0 0 0 0 0 0 0 0 0 0 0 0 0 0 0 0 0 0 0 0 0 1 0 0 0 0 0 0 0 0 0 0 1
0 0 1 0 0 0 0 0 0 0 0 0 0 0 0 1 0 0 0 0 0 0 0 0 0 0 0 0 0 0 0 0 0 0 0 0 0 0 0 0 0 0 0 0 0 0 0 0 0 0 0 0 0 0 0 0 0 1
0 0 0 1 0 0 0 0 0 0 0 0 0 0 0 1 0 0 0 0 0 0 0 0 0 0 0 0 0 0 0 0 0 0 0 0 0 0 0 0 0 0 0 0 0 0 0 0 1 0 0 0 0 0 0 0 0 1
1 1 0 0 1 1 0 0 0 0 0 0 0 0 0 1 0 0 1 1 0 0 1 1 0 0 0 0 0 0 0 0 0 0 0 0 1 0 0 0 0 0 0 0 0 0 0 0 0 0 0 0 0 0 0 0 0 1
0 0 0 0 0 1 0 0 0 0 0 0 0 0 0 0 0 0 1 1 0 0 0 0 0 0 0 0 0 0 0 0 0 0 0 0 1 0 0 0 0 0 0 0 0 0 0 0 0 0 1 0 0 0 0 0 0 1
0 0 0 0 0 0 1 0 0 0 1 1 1 0 0 1 0 1 1 1 0 1 1 1 0 0 0 0 1 0 0 0 1 0 0 0 0 1 0 0 0 0 0 0 0 0 0 0 1 1 1 0 0 0 0 0 0 1
0 0 0 0 0 0 0 1 0 0 0 0 1 0 0 1 0 0 0 0 0 0 0 0 0 0 0 0 0 0 0 0 0 0 0 0 0 0 1 0 0 0 0 0 0 0 0 0 0 0 0 0 0 0 0 0 0 1
0 0 0 0 0 0 0 0 1 0 0 0 1 0 0 1 0 0 0 1 0 0 1 1 0 0 1 0 0 1 0 0 0 0 0 0 0 0 0 0 0 0 0 0 0 0 0 0 0 0 0 0 0 0 0 0 0 1
0 0 0 0 0 0 0 0 0 1 0 0 1 0 0 1 0 0 0 0 0 0 0 0 0 0 0 0 0 0 0 0 0 0 0 0 0 0 0 0 0 0 0 0 0 0 0 0 0 0 0 0 0 0 0 0 0 1
0 0 0 0 0 0 0 0 0 0 1 0 1 0 0 1 0 0 0 0 0 0 0 0 0 0 0 0 0 0 0 0 0 0 0 0 0 0 0 0 0 0 0 0 0 0 0 0 0 0 0 0 0 0 0 0 0 1
0 0 0 0 0 0 0 0 0 0 0 1 0 0 0 1 0 0 0 0 0 0 0 0 0 0 0 0 0 0 0 0 0 0 0 0 0 0 0 0 0 0 0 0 0 0 0 0 0 0 0 0 0 0 0 0 0 1
0 0 0 0 0 0 0 0 0 0 0 0 1 0 0 1 0 0 0 0 0 0 0 0 0 0 0 0 0 0 0 0 0 0 0 0 0 0 0 0 0 0 0 0 0 0 0 0 0 1 0 0 0 0 0 0 0 1
0 0 0 0 0 0 0 0 0 0 0 0 0 1 0 1 0 0 0 0 0 0 0 0 0 0 0 0 0 0 0 0 0 0 0 0 0 0 0 0 0 0 0 0 0 0 0 0 0 0 0 0 0 0 0 0 0 1
0 0 0 0 0 0 0 0 0 0 0 0 0 0 1 0 0 0 0 1 0 0 0 0 0 0 0 0 0 0 0 0 0 0 0 0 0 0 0 0 0 0 0 0 0 0 0 0 0 0 0 0 0 0 0 0 0 1
0 0 0 0 0 0 0 0 0 0 1 1 0 0 0 1 0 0 0 0 0 0 0 0 0 0 0 0 0 0 0 0 0 0 0 0 0 0 0 0 0 0 0 0 0 0 0 0 0 0 0 0 0 0 0 0 0 1
0 0 0 0 0 0 0 0 0 0 1 1 1 0 0 0 1 0 0 0 0 0 0 0 0 0 0 0 0 0 0 0 0 0 0 0 0 0 0 0 0 0 0 0 0 0 0 0 0 0 0 0 0 0 0 0 0 1
0 0 0 0 0 0 0 0 0 0 0 0 0 0 0 0 0 1 0 1 0 0 0 0 0 0 0 0 0 1 0 0 0 0 0 0 0 0 0 0 0 0 0 0 0 0 0 0 0 0 0 0 0 0 0 0 0 1
0 0 0 0 0 0 0 0 0 0 0 0 0 0 0 0 0 0 1 1 0 0 0 1 0 0 0 0 0 0 0 0 0 0 0 0 1 0 0 0 0 0 0 0 0 0 0 0 1 1 0 0 0 0 0 0 0 1
0 0 0 0 0 0 0 0 0 0 0 0 0 0 0 0 0 0 0 1 0 0 1 1 0 0 0 0 1 1 0 0 0 0 0 0 0 0 0 0 0 0 0 0 0 0 0 0 0 0 0 0 0 0 0 0 0 1
0 0 1 0 0 0 0 0 0 0 0 0 0 0 0 0 0 0 0 0 1 0 0 0 0 0 0 0 0 0 0 0 0 0 0 0 0 0 0 0 0 0 0 0 0 0 0 0 0 1 0 0 0 0 0 0 0 1
0 0 0 0 0 0 0 0 0 0 0 0 0 0 0 0 0 0 0 1 0 1 0 1 0 0 0 0 0 0 0 0 0 0 0 0 0 0 0 0 0 0 0 0 0 0 0 0 0 0 0 0 0 0 0 0 0 1
0 0 0 0 0 0 0 0 0 0 0 0 0 0 0 0 0 0 0 0 0 0 1 0 0 0 0 0 1 0 0 0 0 0 0 0 0 0 0 0 0 0 0 0 0 0 0 0 0 0 0 0 0 0 0 0 0 1
0 0 0 0 0 0 0 0 0 0 0 0 0 0 0 0 0 0 0 0 0 0 0 1 0 0 0 0 1 0 0 0 0 0 0 0 0 0 0 0 0 0 0 0 0 0 0 0 0 0 0 0 0 0 0 0 0 1
0 0 0 0 0 0 0 0 0 0 0 0 0 0 0 0 0 0 0 0 1 0 0 0 1 0 0 0 0 0 0 0 0 0 0 0 0 0 0 0 0 0 0 0 0 0 0 0 0 1 0 0 0 0 0 0 0 1
0 0 0 0 0 0 0 0 0 0 0 0 0 0 0 0 0 0 0 0 1 0 0 0 1 1 0 1 0 0 0 0 0 0 0 0 0 0 0 0 0 0 0 0 0 0 0 0 0 0 0 0 0 0 0 0 0 1
0 0 0 0 0 0 0 0 0 0 0 0 0 0 0 0 0 0 0 0 0 0 0 0 0 0 1 0 0 0 0 0 0 0 0 0 0 0 0 0 0 0 0 0 0 0 0 0 0 1 0 0 0 0 0 0 0 1
0 0 0 0 0 0 0 0 0 0 0 0 0 0 0 0 0 0 0 1 1 0 0 0 0 0 0 1 0 0 0 0 0 0 0 0 0 0 0 0 0 0 0 0 0 0 0 0 0 1 0 0 0 0 0 0 0 1
0 0 0 0 0 0 0 0 0 0 0 0 0 0 0 0 0 0 0 0 0 0 0 0 0 0 0 0 1 1 0 0 1 0 0 0 0 0 0 0 0 0 0 0 0 0 0 0 0 1 0 0 0 0 0 0 0 1
0 0 0 0 0 0 0 0 0 0 0 0 0 0 0 0 0 0 0 0 0 0 0 0 0 0 0 0 0 1 1 0 0 0 1 0 0 0 0 0 0 0 0 0 0 0 0 0 0 1 0 0 0 0 0 0 0 1
0 0 0 0 0 0 0 0 0 0 0 0 0 0 0 0 0 0 0 0 0 0 0 0 0 0 0 0 0 0 1 0 0 0 0 1 0 0 0 0 0 0 0 0 0 0 0 0 0 1 0 0 0 0 0 0 0 1
0 0 0 0 0 0 0 0 0 0 0 0 0 0 0 0 0 0 0 0 0 0 0 0 0 0 0 0 0 0 0 1 0 0 0 1 0 0 0 0 0 0 0 0 0 0 0 0 0 1 0 0 0 0 0 0 0 1
0 0 0 0 0 0 0 0 0 0 0 0 0 0 0 0 0 0 0 0 0 0 0 0 0 0 0 0 0 0 0 0 1 0 0 0 0 0 0 0 0 0 0 0 0 0 0 0 0 1 0 0 0 0 0 0 0 1
0 0 0 0 0 0 0 0 0 0 0 0 0 0 0 0 0 0 0 0 0 0 0 0 0 0 0 0 0 0 0 0 1 1 0 0 0 0 0 0 0 0 0 0 0 0 0 0 0 1 0 0 0 0 0 0 0 1
0 0 0 0 0 0 0 0 0 0 0 0 0 0 0 0 0 0 0 0 0 0 0 0 0 0 0 0 0 0 0 0 0 0 1 1 0 0 0 0 0 0 0 0 0 0 0 0 0 1 0 0 0 0 0 0 0 1
0 0 0 0 0 0 0 0 0 0 0 0 0 0 0 1 0 0 0 0 0 0 0 0 0 0 0 0 0 0 0 0 0 0 0 1 0 0 0 0 0 0 0 0 0 0 0 0 0 1 0 0 0 0 0 0 0 1
0 0 0 0 0 0 0 0 0 0 0 0 0 0 0 0 0 0 0 0 0 0 0 0 0 0 0 0 0 0 0 0 0 0 0 0 1 0 1 0 0 0 0 0 0 0 0 0 0 1 0 0 0 0 0 0 0 1
0 0 0 0 0 0 0 0 0 0 0 0 0 0 0 0 0 0 0 0 0 0 0 0 0 0 0 0 0 0 0 0 0 0 0 0 0 1 1 0 0 0 0 0 0 0 0 0 0 1 0 0 0 0 0 0 0 1
0 0 0 0 0 0 0 0 0 0 0 0 0 0 0 0 0 0 0 0 0 0 0 0 0 0 0 0 0 0 0 0 0 0 0 0 0 0 1 0 0 1 0 0 0 0 0 0 0 1 0 0 0 0 0 0 0 1
0 0 0 0 0 0 0 0 0 0 0 0 0 0 0 0 0 0 0 0 0 0 0 0 0 0 0 0 0 0 0 0 0 0 0 0 0 0 1 1 1 0 0 0 0 0 0 0 0 0 0 0 0 0 0 0 0 1
0 0 0 0 0 0 0 0 0 0 0 0 0 0 0 0 0 0 0 0 0 0 0 0 0 0 0 0 0 0 0 0 0 0 0 0 0 1 1 0 1 0 0 0 0 0 0 0 0 1 0 0 0 0 0 0 0 1
0 0 0 0 0 0 0 0 0 0 0 0 0 0 0 0 0 0 0 0 0 0 0 0 0 0 0 0 0 0 0 0 0 0 0 0 0 0 1 0 1 1 0 0 0 0 0 0 0 0 0 0 0 0 0 0 0 1
0 0 0 0 0 0 0 0 0 0 0 0 0 0 0 0 0 0 0 0 0 0 0 0 0 0 0 0 0 0 0 0 0 0 0 1 0 0 0 0 0 0 1 0 0 0 0 0 0 1 0 0 0 0 0 0 0 1
0 0 0 0 0 0 0 0 0 0 0 0 0 0 0 0 0 0 0 0 0 0 0 0 0 0 0 0 0 0 0 0 0 0 0 1 0 0 0 0 0 0 0 1 0 0 0 0 0 1 0 0 0 0 0 0 0 1
0 0 0 0 0 0 0 0 0 0 0 0 0 0 0 0 0 0 0 0 0 0 0 0 0 0 0 0 0 0 0 1 0 0 0 0 0 0 0 0 0 0 1 0 1 0 0 0 0 1 0 0 0 0 0 0 0 1
0 0 0 0 0 0 0 0 0 0 0 0 1 0 0 1 0 0 0 0 0 1 1 0 0 0 1 0 0 0 0 0 1 0 0 0 0 0 0 0 0 0 0 0 0 1 0 0 0 1 0 0 0 0 0 0 0 1
0 1 1 1 0 0 0 0 0 0 0 0 0 0 0 1 0 0 0 0 0 0 0 0 0 0 0 0 0 0 0 0 0 0 0 0 0 0 0 0 0 0 0 0 0 0 1 0 0 1 0 0 0 0 0 0 0 1
0 0 0 0 0 0 0 0 0 0 0 0 1 0 0 0 0 0 0 0 0 0 0 0 0 0 0 0 0 0 0 0 0 0 0 0 0 1 1 0 0 0 0 0 0 0 0 1 0 1 0 0 0 0 0 0 0 1
0 0 0 0 0 0 0 0 0 0 0 0 0 0 0 0 0 0 0 0 0 0 0 0 0 0 0 0 0 0 0 0 0 0 0 0 0 0 0 0 0 0 0 0 0 0 0 0 1 1 0 1 0 0 0 0 0 1
0 0 0 0 0 0 0 0 0 0 0 0 0 0 0 0 0 0 0 0 0 0 0 0 0 0 0 0 0 0 0 0 0 0 0 0 0 0 0 0 0 0 0 0 0 0 0 0 0 1 0 0 0 0 0 0 0 1
0 0 0 0 0 0 0 0 0 0 0 0 0 0 0 1 0 0 0 0 1 0 0 0 0 0 0 0 0 0 0 0 0 0 0 0 0 0 1 0 0 1 0 0 0 0 0 0 0 0 1 0 0 0 0 0 0 1
0 0 0 0 0 0 0 0 0 0 0 0 0 0 0 0 0 0 0 0 0 0 0 0 0 0 0 0 0 0 0 1 0 0 0 0 0 0 0 0 0 0 1 0 1 1 0 0 0 0 0 1 1 0 0 0 0 1
0 0 0 0 0 0 0 0 0 0 0 0 1 0 0 1 0 0 0 0 0 0 1 0 0 0 0 0 0 0 0 0 0 0 0 0 0 1 1 0 0 0 0 0 0 0 0 0 0 1 0 0 1 0 0 0 0 1
0 0 0 0 0 0 0 0 0 0 0 0 1 0 1 1 0 0 0 0 0 0 1 0 0 0 1 0 0 0 0 0 1 0 0 0 0 0 1 0 1 0 0 0 0 0 0 0 0 1 0 1 0 1 0 0 0 1
0 0 0 0 0 0 0 0 0 0 0 0 1 0 1 0 1 0 0 0 0 0 1 0 0 0 1 0 0 0 0 0 1 1 0 0 0 1 1 1 1 0 0 0 0 0 0 0 0 0 0 1 0 1 0 0 0 1
0 0 0 0 0 0 0 0 0 0 0 0 0 0 0 0 0 0 0 0 0 0 0 0 0 0 0 0 0 0 0 0 0 0 0 0 0 0 0 0 0 0 0 0 0 0 0 0 0 0 0 1 0 1 1 1 1 1
0 0 0 0 0 0 0 0 0 0 0 0 0 0 0 0 0 0 0 0 0 0 0 0 0 0 0 0 0 0 0 0 0 0 0 0 0 0 0 0 0 0 0 0 0 0 0 0 0 0 0 0 0 1 0 0 1 1
0 0 0 0 0 0 0 0 0 0 0 0 0 0 0 0 0 0 0 0 0 0 0 0 0 0 0 0 0 0 0 0 0 0 0 0 0 0 0 0 0 0 0 0 0 0 0 0 0 0 0 0 0 0 0 0 0 1
```

（3）生成可达矩阵。根据上面得到的各因子关联矩阵 $\boldsymbol{R}$，以及 $\boldsymbol{R}$ 和 $\boldsymbol{I}$ 的和 $\boldsymbol{A}=\boldsymbol{R}+\boldsymbol{I}$，$\boldsymbol{A}$ 即为邻接矩阵，$\boldsymbol{E}$ = zeros（$\boldsymbol{A}$）；通过布尔运算求出 $\boldsymbol{A}^2$、$\boldsymbol{A}^3$…直至 $\boldsymbol{A}^n=\boldsymbol{A}^{n-1}$，停止运算，此时的 $\boldsymbol{A}^n$ 便是要求的可达矩阵。则矩阵 $\boldsymbol{M}=\boldsymbol{A}^n=(\boldsymbol{R}+\boldsymbol{I})^n$ 称为可达矩阵，可达矩阵 $\boldsymbol{M}$ 的元素 M_{ij} 为"1"就表示要素 s_i 到 s_j 间存在可到达的路径，"0"就表示要素 s_i 到 s_j 间存在不可到达的路径，即可达矩阵 $\boldsymbol{M}$ 表征了要素间的直接或者间接的关系。

通过 Matlab 软件，编写程序如下：

```
n=input（'请输入矩阵维数：'）;
A=input（'请输入邻接矩阵：'）;
E=zeros（n）;
B=A;
while（norm（A-E）>0）
E=A;
for i=1：n
for j=1：n
for k=1：n
```

```
if A (i, k) &B (k, j)
A (i, j) =1;
end
end
end
end
end
A
```

运算后，可得本系统的可达矩阵 $\boldsymbol{M}$ 为

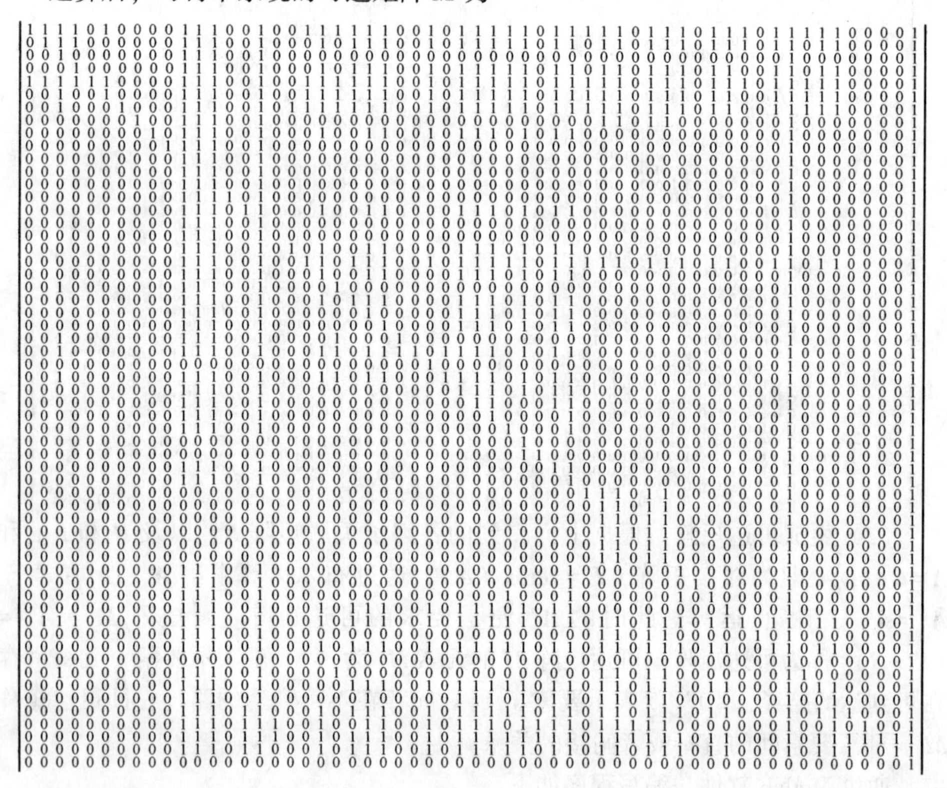

（4）求得可达集、前因集。对于求取的可达矩阵 $\boldsymbol{M}$ 中各个要素 M_{ij}，求得如下集合：

$$R(S_i) = [S_i \mid M_{ij} = 1;\ ],\ A(S_i) = [S_j \mid M_{ij} = 1;\ ]$$

式中，$R(S_i)$ 为可达集，表示可达矩阵 $\boldsymbol{M}$ 的第 $\boldsymbol{i}$ 行上值为 1 的列对应的全部要素的集合；$A(S_i)$ 为前因集，表示可以通过可达矩阵 $\boldsymbol{M}$ 的第 $\boldsymbol{i}$ 列上值为 1 的行对应的要素来求得。

再求交集 $R(S_i) \cap A(S_i)$。当 $R(S_i) \cap A(S_i) = R(S_i)$ 时，表示 $R(S_i) \cap$

$A(S_i)$ 的元素以外其他要素可以到达该要素，而从该要素则不能到达其他要素。从逻辑上讲，交集产生的元素就比其他元素要高一级，依此类推，得到岩巷快掘影响因子的层级图。

由于上述求得影响因子层级图的过程比较烦琐，所以本文利用编写程序 Matlab 来实现这个过程。编写程序如下，其中，P 为可达集 $R(S_i)$ 、Q 为前因集 $A(S_i)$ 以及两者的交集 S。

```
r=1;
M=zeros(n);
while (~isequal (A, M))
for i=1: n
P=find (A (i,:));
Q=find (A (:, i));
S=intersect (P, Q);
P;
Q;
S;
if (~isempty(P) &~isempty(Q)) & ( length (P) = =length (S))
disp ('第 r 级: ')
r
disp ('元素为')
i
A (i, i) = 0;
end
end
for i=1: n
if A (i, i) = =0
A (i,:) = 0;
A (:, i) = 0;
end
end
r=r+1;
end
```

运算后得到岩巷快掘因子的层次结构，钻爆法岩巷掘进影响因子的层级图如图 2-18 所示。

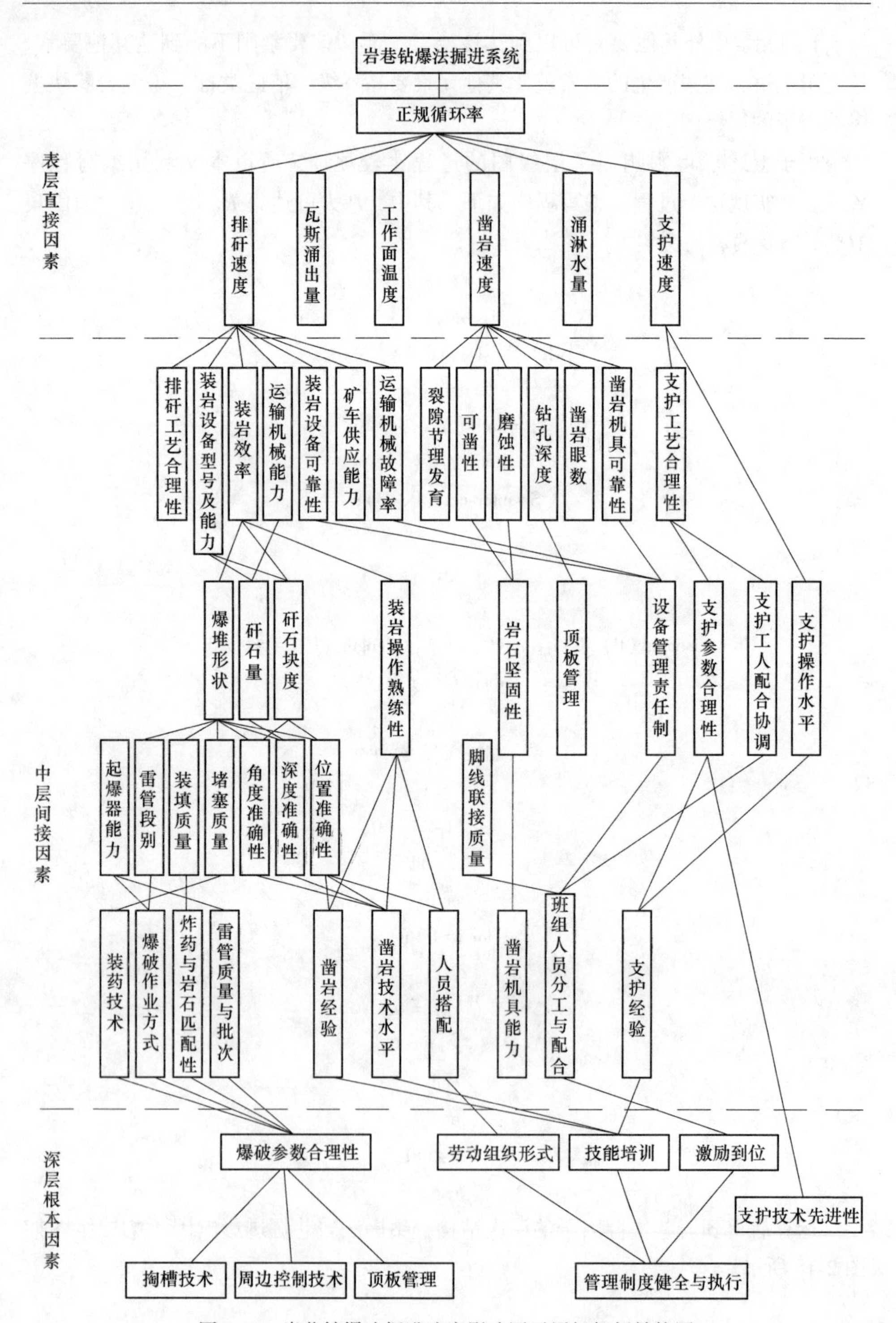

图 2-18　岩巷钻爆法掘进速度影响因子层级解析结构图

2.4 岩巷实现快掘的措施简析

通过对岩巷钻爆法掘进速度影响因子的分析，得到了主要的岩巷掘进速度影响因子和影响因子之间的层级关系，从系统学的观点基本分析了现阶段我国岩巷掘进速度进展缓慢的表层原因、中层原因和深层原因。针对上述三个层次的原因，提出一些针对性的措施和建议，来提高我国钻爆法岩巷的掘进速度。

(1) 表层直接因素就是提高正规循环率。正规循环率是快掘系统中各个子系统之间配合完善的重要标志，钻爆法月进尺不高，往往与正规循环率有关。通过分析可知，工作面的温度过高、涌（淋）水量过大给岩巷掘进的组织施工带来很大困难。正规循环率还有排矸速度、支护速度、凿岩速度三者密切相关。三者施工速度的高低基本决定了岩巷施工的进尺情况，正规循环率不高往往表现为三者或三者之一表现不佳。要提高排矸速度需从排矸设备、排矸工艺、设备的保障上下功夫。

(2) 从中层间接因素来讲，要提高排矸速度的水平，要考虑到排矸的设备先进性、与之配套的运输设备能力及可靠性，降低机械的故障率，同时排矸的工艺要先进，才能使得排矸的及时性得到提高，不会妨碍迎头的施工。在解决了运输设备的基础上，还要考虑到爆破效果对排矸的影响，块度、爆堆形状、矸石量等受到凿岩操作水平、经验的影响使得凿岩的质量受到影响，同时注重炸药、雷管、起爆器等爆破设备的选取对爆破效果的影响，有针对性地选取合适的段别和大容量的起爆器材。对于凿岩速度，首先要在充分了解围岩的裂隙发育情况、坚固性系数、钻孔深度、钻孔数的基础上，选择凿岩机械能力，并保证凿岩机械的可靠性，降低故障率。支护速度要从支护工艺的选择、技术的应用、支护工人的配合方面下手。同时，注意加强班组人员的施工配合能力，才能积累施工经验、提高技术水平。

(3) 深层根本原因，是影响掘进进尺的主因。爆破是掘进的第一步，爆破参数的合理性，直接决定爆破破岩的质量，以及后面一系列工序的进行。爆破参数的合理与否与爆破技术的选取有关，爆破技术中最主要的还是掏槽技术和周边成型技术，只要这两个技术先进且合理，单循环进尺一般不成问题。所以，要进行岩巷快速掘进首先得抓好技术关，其次是组织管理到位，这就需要各种管理制度，尤其是激励制度的应用，在提高积极性和生产率方面的作用不容忽视，同时注重对员工技能的培训和提高，提高员工的自我成就感。

所以综上分析可得，要提高岩巷钻爆法施工速度，就是在辅助子系统运转正常、自然条件允许的情况下要做到“技术先行、装备配套、工艺先进、组织保障、管理到位”。也就是重视掏槽技术、周边技术、支护技术的选择应用的前提下，机械化装备要配套且可靠性要强，支护工艺、排矸工艺要先进，施工组织要合理，施工要安全进行，各种管理制度要健全。只有多管齐下才能使掘进系统正常运转，提高快掘速度。通过分析可得，中层因素主要为施工装备的问题，如何解决装备配套成为下一章研究重点。

3 基于线性规划的快掘最优配套方案的选择研究

从第 2 章层级分析可以看出，深层原因为组织管理制度不完善、缺乏激励性，先进的掏槽技术、支护技术未被广泛采用；中层原因主要为支护设备、钻孔设备、排矸设备陈旧、可靠性低；表层原因主要是凿岩速度、支护、排矸速度较慢。所以说，岩巷快掘的装备因素起到承上启下的作用，掘进速度的提高以合理的施工技术为基础，配套的机械化装备为保障，通过合理的组织和管理，来提高凿、支、装的速度，从而提高快速掘进水平。本章以此为出发点，重点研究快掘的机械化配套的选择。

在实际的生产、技术管理过程中，我们经常会遇到两个问题：(1) 在有限的人力、物力、财力等投入的情况下，如何统筹安排，以便完成最大的任务目标；(2) 在工作目标确定的情况下，如何统筹规划安排，以最小的资源消耗或成本去完成目标要求。这两个问题都是有限定约束条件的，线性规划理论是解决此类问题的主要方法。

岩巷掘进工程的施工机械化作业过程本身就是一个生产系统，而这个生产系统又由凿岩、爆破、支护、装岩、运输等分系统所组成。

岩巷掘进是在有限的空间、规定的时间内进行凿岩、爆破、装岩、支护等施工作业的过程，在一个掘进循环里，它们是有机联系，又相互影响的整体；岩巷掘进的过程就是一个人力、物力、财力不断投入的过程，投入又受到各种条件的制约，也就是说在有限的条件下进行有限的投入，而不能进行无限制的投入。各种投入既要满足施工的工艺需求，又要满足施工效益的要求。因此，岩巷掘进问题可以看作一个线性规划问题来进行求解，主要是需要解决两方面的问题：一个是一定月进尺要求的情况下，现有设备的配套条件下施工费用的最省方面的问题；一个是所需设备都能够得到满足的情况下，最高月进尺的配套方案的选择。所以针对上述问题，选择装备时，需要从整个掘进生产系统的要求来进行选择。本章主要研究岩巷掘进机械化施工的配套方案选择问题，尝试建立两种情况下的线性规划模型，并给出求解思路，但对具体的求解过程本章不涉及，因为应用线性规划的相关理论比较容易解决。

3.1　线性规划理论简介

3.1.1　线性规划理论发展

线性规划理论和方法产生于1914年F. W. 兰切斯特的战斗力方程，发展于第二次世界大战中的军事应用，完善于第二次世界大战后期的武器应用和优化，成熟于冷战时期。线性规划理论和方法是军事运筹学的基石，在经济、科研领域得到了普遍的应用。运筹学的一个重要分支就是线性规划，在我国“系统考虑、全局统筹”哲学思想出现在历代思想家的观念之中。

线性规划理论的发展离不开丹捷格和康托洛维奇的贡献。丹捷格提出了单纯形法；康托洛维奇给出了“乘数解法”的求解方法，能解决企业的生产组织和计划问题。

系统越大也就越来越复杂，到达一定的程度后，系统本身占据的资源会越来越突出。假设原先设计的规则不同于内部的运行规则时，也就是说对系统的投入的边际收益会变低。如何解决边际收益变低的问题，最好的方法就是，先进行顶层设计和优化，在运行过程中及时纠正出现的问题，以此来确保系统能够经济及稳定运行。

3.1.2　线性规划模型的基本概念

3.1.2.1　构成线性规划问题模型的四个必要条件和一个充分条件

四个必要条件：

(1) 需要求解的问题的决策变量确定，取值范围已知，总数有限；

(2) 每一种资源数量是确定的；

(3) 每个决策变量利用相关资源的约束系数是确定的；

(4) 每一个决策变量对于某资源的需求要与该种资源的总量相对应，并且资源总量与对该类资源的总需求的关系（用“≤”“=”“≥”表示）也是确定的。

一个充分条件：存在一个确定的、期望达到的，可用部分或全部变量与相关费用系数乘积之和来表达的目标函数。

满足以上必要条件的数学模型就是线性等式（不等式）方程组，再考虑了目标函数就构成了线性规划问题的数学模型。

线性规划模型可以分为多目标、非线性、动态规划等多种数学模型，本章所讨论的问题就是“单目标静态线性规划问题”。

3.1.2.2 线性规划问题的数学模型的一般形式

目标函数表达式：$\max(\min) z = c_1x_1 + c_2x_2 + \cdots + c_nx_n$

约束条件表达式：

$$
\begin{aligned}
a_{11}x_1 + a_{12}x_2 + \cdots + a_{1n}x_n &\leqslant (=, \ \geqslant) b_1 \\
a_{21}x_1 + a_{22}x_2 + \cdots + a_{2n}x_n &\leqslant (=, \ \geqslant) b_2 \\
&\vdots \\
a_{m1}x_1 + a_{m2}x_2 + \cdots + a_{mn}x_n &\leqslant (=, \ \geqslant) b_n \\
x_1, \ x_2, \ \cdots, \ x_n &\geqslant 0
\end{aligned}
$$

3.1.2.3 线性规划在煤矿生产中的应用

在煤矿生产过程中，合理制定生产规划是煤矿生产部门的重要工作内容，传统规划方法一般采用“估算法”，它的特点是考虑因素少、时间短，当指标少且联系小时，是有效果的。但当需要考虑的因素较多、时间为长远规划时，各种指标联系错综复杂时效果就不是很明显。

数学规划在20世纪50年代末才首次用于采矿工程，60年代前期稍有发展，改革开放后，采矿系统工程的研究才开展起来。进入80年代后，研究工作的不断深入，研究成果大量涌现。

朱明建立了开滦集团煤炭生产规划优化模型，为煤炭生产经济效益最大化提供指导；张明明从数学规划的角度对选煤厂的配料及产品优化，以达到现条件下经济效益的最大化，同时为保证模型的实用性对敏感性也进行了研究；王克让利用0-1整数规划进行了原矿配矿的研究；夏天劲建立了铝矿石配套模型，其原理也是基于线性规划；秦宣云对一定市场需求量情况下的生产计划进行了研究，建立动态规划模型，同时提出了优先缺货权准则；刘明在综合分析影响乌龙泉矿排岩工程的因素基础上，建立了基于露天矿山开采过程的离散化方块模型，以运输功最小为目标建立线性规划数学模型，取得了较好的效果；刘文生针对目前冀东石灰石矿区矿石碱指标的上升和市场上对低碱矿石要求的不断提高的实际问题，为实现经济效益和社会效益最大化，利用数学规划制定了矿区未来五年生产规划。

3.2 岩巷掘进机械化配套方案的数学模型

3.2.1 基于平均月进尺要求的装备配套选用且成本最省研究

以岩巷工程中的平巷掘进为例，在满足平均月进尺的情况下选用装备，同时能够满足配套使用成本最省的要求，需满足如下条件。

(1) 在满足岩巷钻爆法平均月进尺要求（每月按照30天计）的情况下，得到如下约束公式：

$$\frac{30 \times 24k_0\eta}{x_9}x_8 \geqslant m \tag{3-1}$$

式中　m——按计划要求完成的岩巷掘进平均月进尺，m/月；

k_0——月循环完成率，$k_0 = 0.85 \sim 0.95$；

η——炮孔的平均利用率；

x_9——循环时间，指的是完成凿岩、爆破、支护、出渣过程的时间，h，在我国目前以24h完成2个整循环为主；

x_8——炮孔的深度，m。

（2）为了保证各项工作的协调进行，在循环时间内要保证完成凿孔、排矸、支护等工作任务，可得其约束条件为：

$$x_1 + x_2 + x_3 \leqslant x_9 - x_6 \tag{3-2}$$

式中　x_1——凿孔的总时间，h，

$$x_1 = \frac{m_0 x_8}{x_{11}}$$

m_0——与排矸非平行钻凿的炮孔数，个；

x_{11}——凿岩机的凿岩总生产率，m/h；

x_2——需要装岩的时间，h，

$$x_2 = \frac{S\eta\alpha\mu_0 x_8}{x_{12}}$$

S——该条岩巷掘进的断面积的大小，m^2；

α——周边爆破后超挖系数；

μ_0——矿车装载矸石后的平均松散系数；

x_{12}——耙矸机装松散岩石平均总生产率，m^3/h；

x_3——混凝土喷射支护总时间，h，

$$x_3 = \frac{V_0\eta x_8}{x_{13}}$$

V_0——每米岩巷设计需支护的混凝土量，m^3/m；

x_{13}——支护总生产率，m^3/h；

x_6——每循环内各主要工作的辅助时间，主要包括装药联线的时间、爆破后通风的时间、工作面安全检查的时间、以及放炮前人员安全躲避的时间，h。

（3）设备的生产率要求。选用装备的要求是：其平均总生产率要求不小于需要的平均总生产率。

1）凿岩。

$$\overline{x}_{11} \geqslant x_{11} \tag{3-3}$$

式中 $\overline{x}_{11}$——依据装备的条件确定的凿岩作业的平均总生产率，m/h，$\overline{x}_{11}$ 的大小，除了与装备有关外，与巷道迎头涌水量、岩石硬度、耙矸速度、爆破效果、风压情况、机电故障影响、工人的操作水平等因素有关，一般情况下：

$$\overline{x}_{11} = f(n,\ v,\ q,\ B) \tag{3-4}$$

n——需要的凿岩机台数，台；

v——凿孔机的凿岩速度，m/h；

q——迎头平均涌水量，m^3/h；

B——岩石坚固性系数；

x_{11}——需要的凿岩平均总生产率，m/h。

2）在装岩运输方面。在此只讨论岩巷爆破下来的矸石通过矿车或皮带直接运走的情况，对于有临时矸石仓或梭车的情况后面单独讨论。

$$\overline{x}_{12} \geqslant x_{12} \tag{3-5}$$

式中 $\overline{x}_{12}$——根据设备等条件确定的装岩工作的运输平均总生产率，m^3/h（松散岩石），$\overline{x}_{12}$ 值的大小取决于耙矸设备能力、矿车（皮带机型号）容积、矿车供应情况（皮带故障率）以及机电维修质量、涌水量、操作技术、出矸工作组织等因素，在矿车供应（皮带运转正常）充足的情况下，排矸方法确定后，其他配合条件良好情况下：

$$\overline{x}_{12} = f(x_7,\ x_{10},\ x_{14},\ x_{15}) \tag{3-6}$$

x_7——耙矸机装满 $1m^3$ 矿车时间，s/（m^3 车）；

x_{10}——矿车有效容积，m^3；

x_{14}——调来一辆矿车所需要的时间；

x_{15}——列车能够牵引的矿车数；

x_{12}——根据需要确定的装松散岩石平均总生产率，m^3/h。

3）在支护方面。

$$\overline{x}_{13} \geqslant x_{13} \tag{3-7}$$

式中 $\overline{x}_{13}$——根据所需装备条件确定的支护工作的平均总生产率，m^3/h，$\overline{x}_{13}$ 值取决于供料系统及其能力、拌料方法、顶板的涌水量及其处理方法、巷道周边光滑程度、岩石稳定情况及巷道施工质量要求等等，在正常情况下：

$$\overline{x}_{13} = f(n_1,\ p) \tag{3-8}$$

式中　n_1——混凝土喷射机的台数，一般为1台；

p——混凝土喷射机的生产率，m^3/h。

（4）对于掘进巷道施工中采用临时矸石仓作为缓解出矸能力不足的情况，临时矸石仓容积要满足一定的条件，能够保证工作面至少一个循环的矸石量，并且不影响巷道其他工序的进行。临时矸石仓的容积的大小以及后路运输能力能够达到施工要求，矸石量在临时矸石仓内的变化，如图3-1所示。

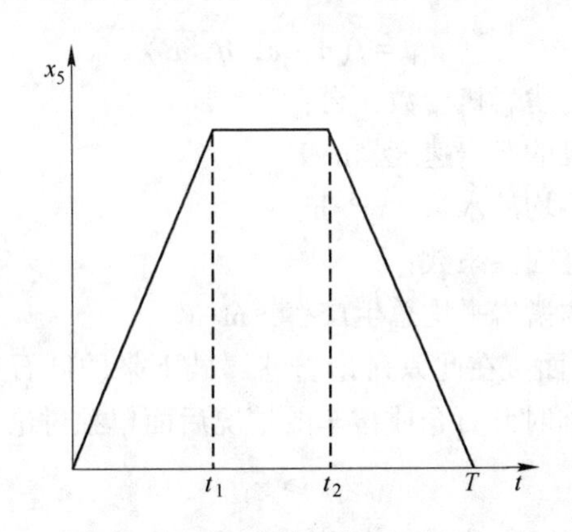

图3-1　矸石仓矸石量与时间的关系

t_1—迎头工作面矸石排矸结束时间；t_2—临时矸石仓开始排矸时间；T—临时矸石仓中矸石排完时间

为保证掘进巷道内迎头装岩排矸工作不间断，矸石仓的有效容积为

$$x_5 \geqslant (\overline{x}_{12} - x_4)t' \tag{3-9}$$

式中　x_5——临时矸石仓的有效容积，m^3；

t'——工作面装岩的时间，h，$t' = \dfrac{S\eta\alpha\mu_0 x_8}{\overline{x}_{12}}$；

x_4——与临时矸石仓配套出矸机具的运输松散岩石的能力，m^3/h。

在迎头装岩开始前要运空临时矸石仓内存放的岩石：

$$x_4 \geqslant \frac{S\eta\alpha\mu_0 x_8}{x_9} \tag{3-10}$$

（5）按技术可行、设备配套的原则，各变量皆有其取值范围：

$$x_{j\min} \leqslant x_j \leqslant x_{j\max} \quad (j = 1,\ 2,\ \cdots,\ 13)$$

为了使得平均月进尺达到要求，并且使得装备使用成本最省。

凿、装、支的正常完成时间如果再被压缩，则需要加大投入，即直接成本将要增加（见图3-2（a））。以正常情况下的工期为$x_{j\max}$，成本为$C_{x_j\min}$，压缩后的极限工期为$x_{j\min}$，成本为$C_{x_j\max}$。假设以时间的减少和直接成本的增加的关系看作是近似的线性关系，则减少单位时间时，增加成本为：

$$\Delta C_{x_j} = \frac{C_{x_j\max} - C_{x_j\min}}{x_{j\max} - x_{j\min}} \quad (j = 1, 2, 3)$$

岩石掘进巷道内短距离运输力、临时矸石仓容积的变化与成本的关系见图3-2（b）。我们假设最小运输能力（或者临时矸石仓容积）为 $x_{j\min}$，对应的成本为 $C_{x_j\min}$；假设后路运输最大能力为 $x_{j\max}$，相应的最大成本为 $C_{x_j\max}$。近似假设它们的关系为线性变化，那么增加单位运输能力（或容积）后，成本的变化值为：

$$\Delta C_{x_j} = \frac{C_{x_j\max} - C_{x_j\min}}{x_{j\max} - x_{j\min}} \quad (j = 4, 5)$$

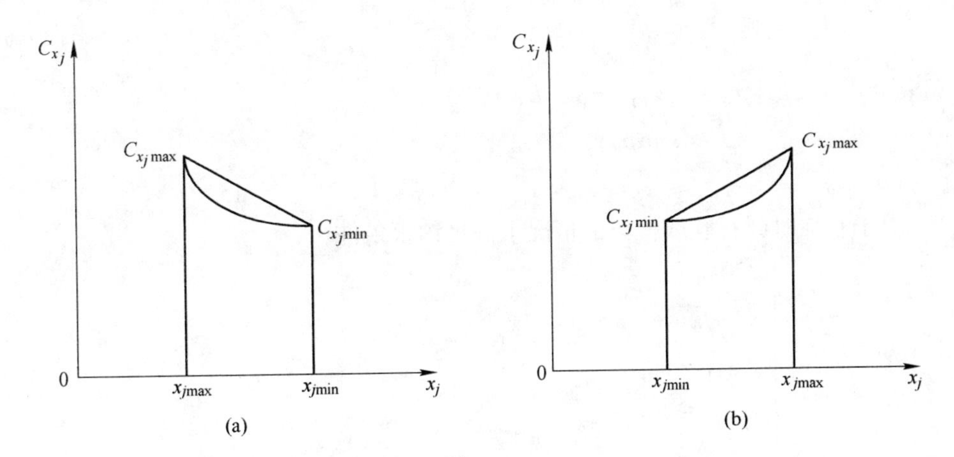

图 3-2 成本变化关系图

这样，选用配套装备后的成本可以用式（3-11）表示。

$$f(x) = \sum_{j=1}^{3} \left[C_{x_j\min} + (x_{j\max} - x_j)\Delta C_{x_j} \right] + \sum_{j=4}^{5} \left[C_{x_j\min} + (x_j - x_{j\min})\Delta C_{x_j} \right] \tag{3-11}$$

将上述所有约束条件稍做整理，求一组变量：

$$x = (x_1, x_2, \cdots, x_{15})^{\mathrm{T}}$$

满足以下各约束条件：

在采用锚喷支护的岩巷中，在满足平均月进尺的要求下，科学选用凿、装、支配套装备方案，其费用最省的数学模型为：求一组变量 $X = (x_1, x_2, \cdots, x_{15})^{\mathrm{T}}$。

对于无临时矸石仓或梭车的情况下满足约束条件：

$$\begin{cases} 720k_0\eta x_8 = mx_9 \\ x_1 + x_2 + x_3 \leqslant x_9 - x_6 \\ x_1 x_{11} = m_0 x_8 \\ x_2 x_{12} = s\eta\alpha\mu_0 x_8 \\ x_3 x_{13} = V_0\eta x_8 \\ \overline{x}_j \geqslant x_j & (j = 11,\ 12,\ 13) \\ \overline{x}_{11} = f(n,\ v,\ B) \\ \overline{x}_{12} = f(x_7,\ x_{10},\ x_{14},\ x_{15}) \\ \overline{x}_{13} = f(n_1,\ p_6) \\ x_4 \geqslant \overline{x}_{12} \\ x_4 = f(x_{10},\ x_{15},\ L,\ v_{\max}) \\ x_5 \geqslant s\eta\alpha\mu_0 x_8 \\ x_{j\min} \leqslant x_j \leqslant x_{j\max} & (j = 1,\ 2,\ \cdots,\ 15) \end{cases} \tag{3-12}$$

对于有临时矸石仓或梭车的情况下满足约束条件：

$$\begin{cases} 720k_0\eta x_8 = mx_9 \\ x_1 + x_2 + x_3 \leqslant x_9 - x_6 \\ x_1 x_{11} = m_0 x_8 \\ x_2 x_{12} = s\eta\alpha\mu_0 x_8 \\ x_3 x_{13} = V_0\eta x_8 \\ \overline{x}_j \geqslant x_j & (j = 11,\ 12,\ 13) \\ \overline{x}_{11} = f(n,\ v,\ B) \\ \overline{x}_{12} = f(x_7,\ x_{10},\ x_{14},\ x_{15}) \\ \overline{x}_{13} = f(n_1,\ p_6) \\ x_4 \geqslant \dfrac{S\eta\alpha\mu_0 x_8}{x_9} \\ x_5 \geqslant \left(1 - \dfrac{x_4}{\overline{x}_{12}}\right) S\eta\alpha\mu_0 x_8 \\ x_{j\min} \leqslant x_j \leqslant x_{j\max} & (j = 1,\ 2,\ \cdots,\ 15) \end{cases} \tag{3-13}$$

目标函数：

$$\min f(X) = \sum_{j=1}^{3}\left[C_{x_j\min} + (x_{j\max} - x_j)\Delta C_{x_j}\right] + \sum_{j=4}^{5}\left[C_{x_j\min} + (x_j - x_{j\min})\Delta C_{x_j}\right]$$

式中 x_7——装满 $1\mathrm{m}^3$ 矿车所需要的时间，s/(m^3 车)；

x_{10}——矿车的有效容积，m^3；

x_4——岩巷掘进工作面的耙装松散岩石能力，m^3/h；

x_5——矸石仓或梭式列车的有效容积，m^3；

x_{14}——调运一辆矿车的时间，s；

x_{15}——列车能牵引的矿车数；

n_1——混凝土喷射机台数；

p_5——混凝土喷射机生产能力，m^3/h；

S——岩巷掘进断面积，m^2；

V_0——每米岩巷支护需要的混凝土量，m^3/m；

$v_{\max}$——运输机车最大运行速度，m/s；

L——短距运输的距离，m；

ΔC_{x_4}——增加单位运输能力成本的增加值；

ΔC_{x_5}——增加矸仓有效容积成本的增加值；

其他符号意义同前。

可以看出，目标函数是呈现线性的性质，而约束条件是非线性变化的，所以问题就变为有约束的非线性规划问题。求解过程中变量较多，过程会比较烦琐，所以尝试将整个系统分解再去求解，分为凿岩（钻孔）、装岩（排矸运输）、支护子系统分步进行求解（见本章 3.3 节），则相对容易。

3.2.2 基于已有凿岩设备的最高月进尺的配套方案选择研究

在凿孔装备已经决定的前提下，解决月进尺最高时掘进装备的配套问题，就是充分挖掘已经配套的装备所未发挥出的潜力。

所以应首先审查原先各个装备配套与否，一般来讲，使用大耙斗装岩机对应的就应该使用大矿车；为满足打深孔的需要，钻孔机械的能力要达到要求。

耙、装、运子系统之间必须尽量协调，巷道运输矸石的能力或者临时矸石仓的存储能力要与后路装岩排矸的要求相适应。

根据已经装备的设备能够算出它们的平均生产率。设 $x_{11}=p_1$，$x_{12}=p_2$，$x_{13}=p_3$，$x_4=p_4$，$x_5=V_5$。这样问题就可以看作是求一组变量：

$$x = (x_1,\ x_2,\ x_3,\ x_6,\ x_8,\ x_9)^{\mathrm{T}}$$

满足约束条件：

$$
\begin{cases}
x_1 + x_2 + x_3 = x_9 - x_6 \\
p_1 x_1 = m_0 x_8 \\
p_2 x_2 = S\eta\alpha\mu_0 x_8 \\
p_3 x_3 = V_0 \eta x_8 \\
V_5 \overline{x}_{12} \geqslant (x_{12} - p_4) S\eta\alpha\mu_0 x_8 \\
p_4 x_9 = S\eta\mu_0\alpha x_8 \\
0 < x_{j\min} \leqslant x_j \leqslant x_{j\max} \quad (j = 1, 2, 3, 8) \\
x_6 > 0
\end{cases}
\tag{3-14}
$$

使下列目标函数：$f(x_8, x_9) = \dfrac{30 \times 24K_0\eta x_8}{x_9}$最大。

假设 x_9 为定值时，x_6 值也能够相应确定，则上述求解问题就变为线性规则问题，直接应用单纯形法就可求解，计算三次取月进尺最大者。

通过上述计算，如果最终的计算结果无法满足事前规定月进尺目标的要求，可以先确定 x_9 和 x_6 的基础上，确定应该采用的炮孔深度 x_8。

假设 p_1、p_2、p_3 之一成为掘进循环中占用时间较长的环节，可令其为变量，由公式：

$$
\begin{cases}
x_1 + x_2 + x_3 = x_9 - x_6 \\
p_1 x_1 = m_0 x_8 \\
p_2 x_2 = S\eta\alpha\mu_0 x_8 \\
p_3 x_3 = V_0 \eta x_8
\end{cases}
$$

将其求出，然后按重新选用的设备求出其生产率，再重新确定 x_8。

对上述计算过程进行重复，计算得到在凿岩装备已经确定的情况下，根据凿岩机械设备能力来配备支护设备和出渣设备，使它们充分发挥各自的能力，使得凿岩、支护、出矸子系统能力达到耦合，发挥最大能力，从而达到最高月进尺。

3.3　分系统求解及凿、装、支时间分配研究

3.3.1　分系统求解过程

求解过程可如下进行：

(1) 确定炮孔深度与循环时间（在满足平均月进尺要求条件下）。根据现有机械化水平与平均月进尺情况，选用设备时可以使循环时间 x_9 = 12h，我们按照24h 内刚好完成两个整循环计算，按公式（3-1）求出炮孔深度 x_8，与此同时可确定出辅助时间 x_6。

（2）在考虑经济的条件下确定凿、装、支的时间。根据平均月进尺要求确定了炮孔深度与循环时间，决定了凿、装、支时间的合理分配方案。这个问题是一个线性规划问题。

（3）根据分配的凿、装、支时间分别按分系统优选各个设备，各分系统优选情况概略如下：

1）凿岩分系统。我国目前主要应用的凿岩机具有气腿式凿岩机和凿岩台车两种，其中，气腿式凿岩机是目前凿岩应用的主力设备，在气腿式凿岩机里 YT 系列应用最广泛，可以按技术要求即可进行取舍。凿岩机台数取岩巷断面所容台数的最大值。可按求出的 x_{11} 值选用设备。

2）支护分系统。一般根据技术要求确定喷浆方法，支护时因迎头工作面不进行装岩，可按求出的 x_{13} 值来选择设备的型号。

3）装岩分系统。装岩工作和运输工作相互影响，配合关系也较复杂，装岩的及时与否又影响到迎头的凿岩工作，为了减少岩巷迎头矸石的堆积，采用巷道内临时矸石仓是个不错的选择。在装岩分系统分步进行计算时，把问题分为二维的非线性规划和线性规划两个问题，求解便较容易。

从理论上进行分析，按照分系统求得的最优解，最后不一定是总体上的最优解。但是，对于影响因素繁杂、情况多变、设备型号不是很多的钻爆法岩巷施工的装备选型来说，通过分系统得到的计算结果是能满足实际要求的。

3.3.2 凿、装、支时间的合理分配

对于有具体要求的平均月进尺指标，在确定炮孔深度与循环时间以后，单个循环内的辅助作业时间亦可求出。此时 $x_9 - x_6 = T_0$，T_0 是已知数。

以非平行作业进行举例，如公式（3-2）所示，则

$$x_1 + x_2 + x_3 = x_9 - x_6 = T_0$$

式中，凿、装、支三者完成时间是固定的。如果凿岩工作提前完成，则装岩或支护时间可以增多；同理，若凿岩、支护需要时间减少，则装岩时间就能增多。在所需完成工作量为一定的条件下，允许的工作完成时间与所选用的设备生产率成反比。如果要求施工生产率高，则需配备能力较大的设备。

钻爆法岩巷施工单个循环里，凿岩工作必须完成 $V_1 m^3$，装岩工作必须完成 $V_2 m^3$，支护必须完成 $V_3 m^3$，且顺序是不能颠倒的。在满足上述要求的前提下，上述三个工序时间可此长彼短。由于凿、装、支完成时间可以不同，配备设备也有差异，但总可以找出技术上可行，既满足月进尺要求，又经济合理的凿、装、支的时间分配方案。

参照公式（3-2）、公式（3-10）及图 3-2，凿、装、支时间合理分配的数学模型为：求这样一组变量 x_1、x_2、x_3。

满足下列约束条件：

$$\begin{cases} x_1 + x_2 + x_3 \leqslant T_0 \\ 0 < x_{j\min} \leqslant x_j \leqslant x_{j\max} \quad (j = 1,\ 2,\ 3) \end{cases} \tag{3-15}$$

使得目标函数（成本的增加值）

$$\min f(X) = \sum_{j=1}^{3} (x_{j\max} - x_j)\Delta C_{x_j} \tag{3-16}$$

为了计算的方便，将约束条件变化为标准形式，以 $x = x_j' + x_{j\min}(j = 1,\ 2,\ 3)$，代入公式（3-15）、公式（3-16），则求得一组变量 $x'_j(j = 1,\ 2,\ 3)$。

满足约束条件：

$$\begin{cases} \sum_{j=1}^{3} x_j' \leqslant T_0 - \sum_{j=1}^{3} x_{j\min} \\ x'_j \leqslant x_{j\max} - x_{j\min} \\ x'_j \geqslant 0 \quad (j = 1,\ 2,\ 3) \end{cases} \tag{3-17}$$

使得目标函数 $\min f(X) = \sum_{j=1}^{3} (x_{j\max} - x_{j\min} - x_j')\Delta C_{x_j}$。

求出 x_j' 后，再用 $x_j = x_j' + x_{j\min}(j = 1,\ 2,\ 3)$ 求出 x_j。

以 $x_j p_j = V_j(j=1,\ 2,\ 3)$，求出 p_j，然后按 p_1、p_2、p_3 值选凿、装、支设备。

当采用平行作业，用二次支护工艺时，可用第一次支护时间代替原永久支护时间，因为进行第二次支护时可采用平行作业，并不占用正规的循环时间。此时，可按 $x_3 \leqslant T_0$ 进行支护设备的选择。

3.3.3　分系统配套方案的选择

对于分系统配套方案的选择，凿与支分系统情况装备的选择较简单，所以，本小节只介绍装岩分系统配套方案的选择。为了进行装岩、调车、运输系统最优配套方案和优选设备，需先求出装岩以及调车的平均生产率。

3.3.3.1　装岩调车的平均生产率

按装岩是否连续与调车方法的差异，分为三种类型进行计算平均生产率。

（1）用机车（蓄电瓶车）牵引普通矿车运输，因调车影响，装岩为非连续工作。此处所指的运输是掘进工作面后部的短距离运输。装岩、调车、运输三者既相互影响，又相互依赖，所以平均生产率是相等的。

装岩调车运输的生产率：

$$\bar{x}_{12} = \frac{3600x_{10}k_1}{x_7x_{10} + x_{14} + x_{16}} \tag{3-18}$$

式中 k_1——矿车装满系数;

x_{16}——列车调车对装满一车岩石的影响时间，s，$x_{16} = \frac{t_0}{x_{15}}$;

t_0——列车调车一次的时间，s;

x_{15}——列车牵引的矿车数，辆;

其他符号意义同公式（3-12）。

（2）用大型矿车转载运输。用梭式矿车、自行矿车、装运机等设备转载运输，装岩运输平均生产率:

$$\bar{x}_{12} = \frac{3600k_1x_{10}}{x_7x_{10} + t_0} = \frac{3600k_1}{x_7 + \frac{t_0}{x_{10}}} \tag{3-19}$$

式中 x_{10}——大矿车容积，m^3;

t_0——大容积矿车调车一次时间，s;

k_1——矿车装满系数。

（3）连续装岩。连续装岩利用梭式列车、矿仓列车、转载机等配输送机等设备调车运输。

梭式列车或矿仓列车的有效容积不小于每循环爆下的最多岩石体积时，装岩调车平均生产率:

$$\bar{x}_{12} = \frac{3600k_1x_{10}}{x_7x_{10}} = \frac{3600k_1}{x_7} \tag{3-20}$$

式中 x_{10}——列车容积，m^3;

k_1——列车装满系数。

利用装载机配输送机运输，当装载、运输能力不小于装岩能力时，平均装岩生产率亦用公式（3-20）计算。

3.3.3.2 装岩、调车设备的合理选择

根据装岩的连续程度与调车方法不同有如下几种情况。

（1）采用普通矿车与机车运输的最优配套方案。矿车容积 x_{10} 是根据矿井年产量以及井下巷道施工条件统一考虑确定的。装岩调车生产率 x_{12} 是满足平均月进尺要求按凿、装、支时间合理分配后确定的。按 $\bar{x}_{12} \geqslant x_{12}$，以及 x_7、x_{14}、x_{16} 各有其取值范围，以 $x_{10} = u_1$，$x_{12} = p_2$，则所得数学模型为：求一组变量 x_7、x_{14}、x_{16}。

满足约束条件:

$$\begin{cases} p_2 u_1 x_7 + p_2 x_{14} + p_2 x_{16} \leqslant 3600 u_1 k_1 \\ 0 < x_{7\min} \leqslant x_7 \leqslant x_{7\max} \\ 0 < x_{14\min} \leqslant x_{14} \leqslant x_{14\max} \\ 0 < x_{16\min} \leqslant x_{16} \leqslant x_{16\max} \end{cases} \tag{3-21}$$

求目标函数：

$$\min f(X) = C_{x_7\min} + (x_{7\max} - x_7)\Delta C_{x_7} + C_{x_{14}\min} + (x_{14\max} - x_{14})\Delta C_{x_{14}} + Cx_{16\min} + (x_{16\max} - x_{16})\Delta Cx_{16}$$

式中 ΔC_{x_j} —— x_j 值($j=7$，14，16）缩短单位时间，成本的增加值，

$$\Delta C_{x_j} = \frac{C_{x_j\max} - C_{x_j\min}}{x_{j\max} - x_{j\min}} \quad (j=7，14，16)$$

目标函数中其他符号见图 3-3。

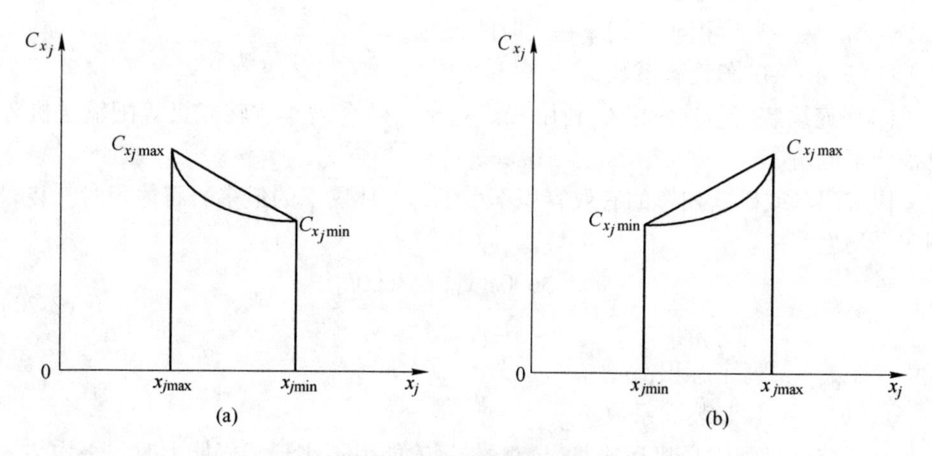

图 3-3 成本变化关系图
(a) $j=7$，14，16；(b) $j=4$，10

上述的数学模型是一个线性规则问题，可用单纯形法求解。

用求得的 x_7 值选装岩设备，用 x_{14} 值选调车设备，用 x_{16} 值求出 x_{15}，由 x_{15} 与 u_1 值选用运输设备。

（2）用大容积矿车调车运输的配套方案。$\bar{x}_{12} \geqslant x_{12}$ 及 x_7、x_{10} 有其取值范围，以 $x_{12} = p_2$，由公式（3-19）可得配套方案如下。

求一组变量 x_7、x_{10}。

满足约束条件：

$$\begin{cases} x_{7\min} \leqslant x_7 \leqslant x_{7\max} \\ \dfrac{3600k_1}{x_7 + \dfrac{t_0}{x_{10}}} \geqslant p_2 \\ x_{10\min} \leqslant x_{10} \leqslant x_{10\max} \end{cases} \tag{3-22}$$

目标函数：

$$\min f(X) = C_{x_7\min} + (x_{7\max} - x_7)\Delta C_{x_7} + C_{x_{10}\min} + (x_{10} - x_{10\max})\Delta Cx_{10}$$

式中 ΔCx_{10}——大矿车增加单位容积，成本的增加值（参见图 3-3（b）），

$$\Delta Cx_{10} = \frac{C_{x_{10}\max} - C_{x_{10}\min}}{C_{x_{10}\max} - x_{10\min}}$$

上式约束条件是非线性的，但目标函数是线性的，又是二维问题，可直接用图解法求解。

（3）连续装岩的配套方案。此方案有以下两种类型。

1）用梭式列车或矿仓列车时，数学模型为求 x_7、x_{10}，满足约束条件：

$$\begin{cases} p_2 x_7 \leqslant 3600k_1 \\ x_{10} \geqslant V_2 \\ x_{7\min} \leqslant x_7 \leqslant x_{7\max} \end{cases} \tag{3-23}$$

目标函数：

$$\min f(X) = C_{x_7\min} + (x_{7\max} - x_7)\Delta C_{x_7} + C_{x_{10}\min} + (x_{10} - x_{10\max})\Delta Cx_{10}$$

式中 $x_{10\max}$—— 其值等于 V_2；

$C_{x_{10}\min}$ —— $x_{10} = V$ 时所应对的成本；

其他符号参见图 3-3。

上式是二维的线性规划问题，可直接用图解法求解。

2）用转载机转载与输送机运输，数学模型为 x_4、x_7，满足约束条件：

$$\begin{cases} p_2 x_7 \leqslant 3600k_1 \\ x_4 x_7 \geqslant 3600k_1 \\ x_{4\min} \leqslant x_4 \leqslant x_{4\max} \\ x_{7\min} \leqslant x_7 \leqslant x_{7\max} \end{cases} \tag{3-24}$$

目标函数：

$$\min f(X) = C_{x_7\min} + (x_{7\max} - x_7)\Delta C_{x_7} + C_{x_4\min} + (x_4 - x_{4\min})\Delta C_{x_4}$$

式中 x_4——装载机与输送机的转载、运输能力，m^3/h；

ΔC_{x_4}——增加单位运输能力，成本的增加值（如图 3-3 所示），

$$\Delta C_{x_4} = \frac{C_{x_4\max} - C_{x_4\min}}{x_{4\max} - x_{4\min}}$$

上式是非线性规划，因是二维问题，目标函数又是线性的，故可用图解法直接求解。

求出 x_4 后，以输送机的运输能力不小于 x_4，而选择输送机的型号。

在上述各类情况下，都能选出技术上可行、经济上最省的方案。然后，在经济上最佳的各方案中，再选出最优者作为选用的方案。

4 基于 BP 神经网络的钻爆法月进尺预测研究

4.1 神经网络解决岩巷掘进月进尺预测的可行性

人工神经网络是一门新兴学科，人工神经网络（artificial neural network，ANN），也称神经网络（neural network，NN），从 1943 年到今天，人工神经网络已渗透到生物、电子、数学、物理和建设工程等学科，并且有着广泛的应用前景。

人工神经元是对人脑功能的抽象和模拟，它是人工神经网络的基本处理单位，一般表现为多输入和单输出的非线性器件，其结构模型如图 4-1 所示。

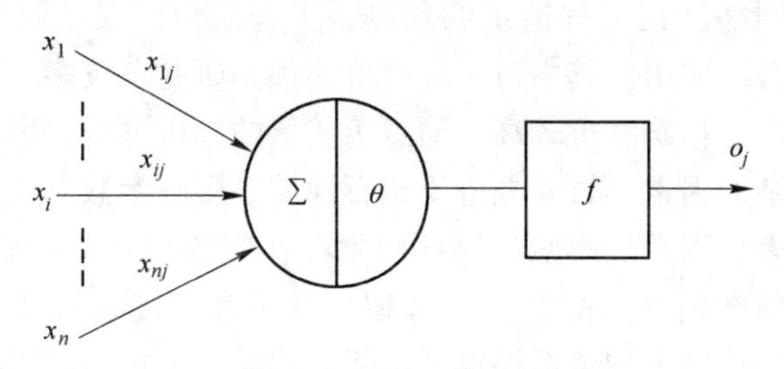

图 4-1　神经元示意图

图 4-1 是神经元示意图，x_1，x_2，…，x_n 是输入信号，它有时候是来自外界的信息，有时候是另一个神经元的输出；w_i 是神经元 x_n 的权值，它表示连接强度的大小，其值由学习过程决定；θ_i 是内部闭值；y_i 是输出；s_i 表示某一外部输入的控制信号。

神经元在输入值与学习的权值乘积和施加的各个函数变换得到输出值 y，可以表示为：

$$y = f_g\left(\sum_{i=1}^{n} w_i x_i - \theta\right) \tag{4-1}$$

激活函数 f_g，起到激活控制输入输出的作用。

神经网络自 20 世纪 80 年代以来得到迅速发展，神经网络具有如下的信息处理能力：

（1）非线性。在实际中，很多问题都是非线性的，而非线性的神经网络能够解决这类问题，所以神经网络实用性很强。

（2）自适应能力和映射。通过对大量样本的学习，神经网络能够对权值进行修正，直到输出值达到我们满意的程度，这就建立网络输入与输出的映射关系。

（3）证据反应。在模式识别问题中，神经网络既能提供特定模式的信息，也可提供决策产生的可信度。

（4）背景信息。神经元与其他神经元组成一个整体，受到全局活动的影响，因此网络可以自然地处理各种背景信息。

（5）容错性。当一个或者少量神经元遭到破坏时，整个神经系统还能正常工作，具有高度的容错性。

（6）集成运算。由于大规模并行性的存在，使神经网络快速处理大任务量成为可能。

（7）通用性。神经网络相同记号或者符号不管怎么变化，神经元代表的意义不变，所以神经网络在不同工程应用中知识都可以共享。

神经网络的这些特点，使得神经网络能够解决影响因素众多、复杂的问题。正因如此，神经网络已在工程造价的预测、工程质量、爆破效果、TBM 掘进速度的预测等方面有所应用，其中对工程造价的预测研究者较多，形成的模型和构建方法也相对成熟，精确度也较高。通过第 2 章的分析可得，影响钻爆法岩巷掘进速度有许多复杂的因素，岩巷掘进受岩石性质、爆破参数、人员技能、施工组织管理、工艺等多种因素的影响，这些因素存在着非常复杂的非线性映射关系，很难建立纯粹的数学模型。ANN 以其非线性映射和高度并行处理的特点为解决岩巷掘进速度与影响因子的关系提供了可能，建立人工神经网络模型并应用于对岩巷掘进进尺的预测，是本章一个富有意义的尝试。

由于掘进的各个影响因素与掘进进尺之间复杂的非线性关系，建立较为符合掘进速度与影响因素的关系式具有较大的困难，尤其是在综合考虑了岩巷掘进各个方面的影响因素，甚至建立准确的经验公式或成熟的数学表达式，就目前的研究来看比较困难。岩巷掘进的影响因素千差万别，每条巷道都有其单件性和固定性，巷道与巷道之间不可能具有完全相同的情况出现，总会有技术或者施工组织管理方面的差异。虽然说岩巷和巷道之间存在着明显的差异，但是又存在共性，比如说断面的形式、施工作业方式、使用的装备、采用的爆破技术等。这些共性的存在为神经网络的自学习提供了基础，通过对巷道和巷道之间相同和不同的自我学习和重新赋值，人工神经网络具有了自适应能力及强大的自学习的特点，以及人工神经网络自身不需要诸多的先验知识，从而为网络的可实现性奠定了理论基础。如果岩巷掘进有足够的样本数据，神经网络就能通过对训练样本数据的训练学习而建立起影响因素与巷道掘进进尺之间的映射关系，因为 ANN 可以很容易解决那些用常规方法无法精确描述的复杂非线性问题。

4.2 BP 神经网络的原理及算法

4.2.1 BP 神经网络的原理

前向多层神经网络误差反向传播学习算法的神经网络就是 BP（back propagation）神经网络。BP 网络一般包括输入层和输出层各一个，隐含层可以不是一个，如图 4-2 所示。

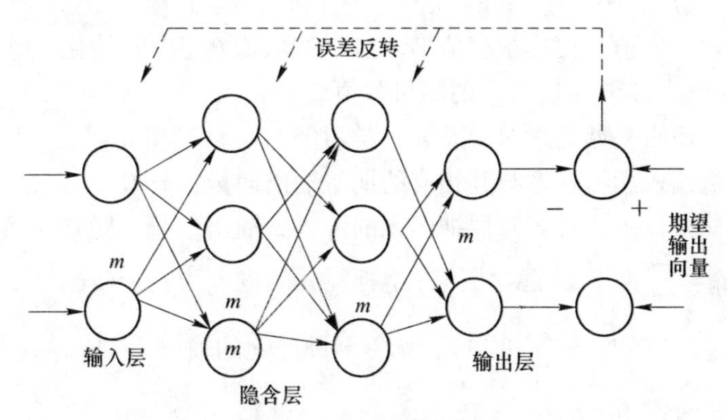

图 4-2　三层 BP 神经网络

BP 神经网络（back-propagation neural network）包括误差反向传播和信息正向传播。BP 神经网络的泛化和容错能力，还有非线性函数逼近功能是其广泛应用的主因。但它也有自身的缺陷，比如它还是一个非线性优化问题；如果其初始权值选择不当会使 BP 网络的训练收敛速度变慢；还有网络结构设计时，隐含层层数还主要靠经验选取，缺乏理论指导。

4.2.2 BP 神经网络的算法

三层 BP 神经网络分别由一个输入层、隐含层和输出层组成，多个隐含层的选择与所求解问题的复杂程度密切相关。因为本书主要采用到三层 BP 神经网络，所以以仅含一个单隐层的三层神经网络为例介绍 BP 神经网络算法。

（1）参量和变量。

$X_{ij}=[x_{i1},\ x_{i2},\ \cdots x_{in}]$，$(i=1,\ 2,\ \cdots,\ n)$，为输入样本；$n$ 为样本个数。

$\boldsymbol{W}_{ij}=\begin{bmatrix} w_{11}(n) & w_{12}(n) & \cdots & w_{1j}(n) \\ w_{21}(n) & w_{22}(n) & \cdots & w_{2j}(n) \\ \vdots & \vdots & & \vdots \\ w_{i1}(n) & w_{i2}(n) & \cdots & w_{ij}(n) \end{bmatrix}$ 为权值的赋值，表示 n 次迭代之后输入层与隐含层的权值向量。

同理，隐含层与输出层之间的权值变量即为：

$$W_{jk} = \begin{bmatrix} w_{11}(n) & w_{12}(n) & \cdots & w_{1k}(n) \\ w_{21}(n) & w_{22}(n) & \cdots & w_{2k}(n) \\ \vdots & \vdots & & \vdots \\ w_{j1}(n) & w_{j2}(n) & \cdots & w_{jk}(n) \end{bmatrix}$$

$Y_{ij} = [y_{i1}, y_{i2}, \cdots, y_{in}]$ ($i = 1, 2, \cdots, n$) 为样本实际输出值。

$T_{ij} = [t_{i1}, t_{i2}, \cdots, t_{in}]$ ($i = 1, 2, \cdots, n$) 为期望输出值。

(2) 初始化权值，使连接权值 W_{ij} 、W_{jk} 和阈值 θ_j 、θ_k 初始化，赋一个较小的值，一般选择范围为 [-1, 1] 的随机数值。

(3) 给定网络初始的学习误差 ε ，学习率 η ，动量项 α 。

(4) 随机输入学习样本与其相应的期望输出向量，$n=0$。

(5) 对输入样本，计算每层神经元的输入、输出信号，隐含层第 j 个神经元的输入为：$X_j = \sum_i W_{ji} Y_i$ ；隐含层第 j 个神经元的输入为：$Y_j = g(X_j)$ ；输出层第 k 个神经元的输入为：$X_k = \sum_j W_{kj} Y_j$ ；第 k 个神经元的输出为：$Y_k = g(X_k)$ (g 为传递函数，为 S 函数。)

(6) 求解期望输出和步骤 (5) 求出的实际结果之间的误差 E，并判断计算的误差是否满足要求，如果满足要求则转到步骤 (9)；如果不满足要求则转到步骤 (7)。

在学习过程中，设第 k 个输出神经元的期望输出为 t_{ik} ，而网络的输出为 X_{ik} ，则系统平均误差为 $E = \frac{1}{2i} \sum_i \sum_k (t_{ik} - o_{ik})^2$，为表示方便可以略去下标 i，则 $E = \frac{1}{2} \sum_k (t_k - o_k)^2$ 。

(7) 判断 $n+1$ 是否大于最大迭代次数，若大于最大迭代次数则转至步骤 (9)，若小于，则对输入样本反向计算每层神经元的局部梯度 δ 。

$$\delta_j = o_j(1 - o_j) \sum_k \delta_k w_{jkj}$$

$$\delta_k = o_k(t_k - o_k)(1 - o_k)$$

(8) 计算权值修正量 Δw，并修正权值；$n=n+1$，转至步骤 (5)。

根据梯度下降法，权值（包括阈值）的变化项 Δw_{jk} 和 $\partial E / \partial w_{jk}$ 成正比，即：

$$\Delta w_{jk}(n + 1) = \eta \delta_k o_j + \alpha \Delta w_{jk}(n)$$

$$\Delta w_{ij}(n + 1) = \eta \delta_j o_i + \alpha \Delta w_{ij}(n)$$

(9) 判断是否学完所有的训练样本。如果学习没有完毕，则转至步骤 (4)。

经过网络训练达到预定的要求后，此时网络的节点之间的权值已经确定，我们就称网络学习完毕，可以用来预测。

4.3 月进尺预测模型输入指标确定

根据第2章的分析，我们已经得到了岩巷掘进速度的影响因素指标体系。为提高样本学习效果和预测结果的准确性，输入指标不仅要反映对岩巷掘进速度的影响程度，同时能够反映本条巷道的工程性质和特征，输入指标应全部能量化，这样神经网络学习起来更加方便快捷且具有辨识性。

4.3.1 基于工程特征的输入指标的选取

岩巷工程有其自身的特征和特点，把岩巷的特征和它们的进尺速度联系起来，通过输入它们的特征值预测得到月进尺，为岩巷施工计划的制定者提供参考，这就是我们要建立模型的目的。工程特征选取的好坏是建模过程的关键，工程特征选取的准确性直接关系到预测结果的精确度。因此，如何准确地选取这些工程特征，对岩巷月进尺预测精度特别重要。

工程特征是指能表示工程特点，且能反映工程的主要组成的重要因素，主要由其工程属性决定。工程特征的选取，现阶段我们主要是参考历史工程资料的统计和分析，并根据专家的经验进行确定。基于神经网络的预测模型，由于岩巷掘进的影响因素众多，其主要限制是特征向量和训练样本的选取。因此，选取的工程特征能够代表工程本质，选取的训练样本能够和待预测工程类似，那么在岩巷掘进中应用神经网络进行岩巷进尺的预测是极具发展潜力的。

4.3.1.1 选取的原则

工程特征是决定巷道形式和施工工艺的主要因素，所以在工程特征的选取上要注意两个方面："全面"和"精确"。"全面"就是在选取工程特征时，要对巷道逐一进行分析，逐一排查，选出对巷道掘进进尺影响大的特征因素。如果考虑不全面，巷道进尺的特殊性和差异性就体现不出来；但大量的实践经验告诉我们，工程的任何一个特征都会影响到掘进进尺，这些特征因素中有的对掘进进尺影响较大，有些对掘进进尺影响较小。如果不管对工程造价影响程度的大小都将其考虑进去，所建模型就没有价值，这就是"精"选工程特征的必要性，这个"精"选的过程在后面的关联度分析中加以解决，在此不再赘述。除此之外，根据BP神经网络本身的特点，选取的工程特征相互之间还应该具有独立性。

由第2章的分析可知，岩巷掘进系统分为凿岩、爆破、排矸、运输、支护、自然条件、生产辅助、组织管理8大子系统。每个子系统又可以分解为很多因素对各自的子系统产生影响，但是有的因素是对子系统影响小，有的因素影响就大，譬如凿岩机具的选择，YT28就比7655凿岩速度快，液压钻车比气腿式凿岩机快等，我们就可以说凿岩机具对岩巷的掘进速度产生影响。

4.3.1.2　工程特征的选取

通过对所搜集到的资料和相关数据的分析以及对专家的咨询，以第 2 章整理的岩巷掘进系统影响因子指标表为基础，可以初步判断影响掘进进尺的因素如下。

（1）自然条件。巷道施工是在围岩结构中进行，不可避免地受到自然条件的制约和限制。工作面涌水、淋水通过影响到工人的钻孔工作配合和钻孔速度和质量，还增加探放水、排水等辅助工作保证迎头的正常掘进生产；工作面温度通过影响工人的劳动效率、增加通风辅助工作量来影响钻孔速度；埋深的大小往往会与地应力的大小成正相关，地应力越大，岩石的爆破难度程度就越大；瓦斯主要影响到装药结构，从而给后续排矸工作带来影响。裂隙节理及顶板情况对岩巷的支护及爆破参数的选取有重要影响，炮孔深度的选择与顶板的管理难易有很大关系；围岩类别决定了岩石的坚固性系数，岩石硬度越大，岩石的可凿性或者磨蚀性就越强，凿岩速度越慢，对钎头和钎杆的磨损和损伤就越大，凿岩速度越慢。

（2）凿岩。凿岩是巷道掘进的第一步，凿岩质量的好坏对爆破效果的好坏产生重要的影响，凿岩工作是爆破参数在岩体中的真实反映，爆破参数是设计者处理掘进问题的智慧结晶，凿岩作业是图上作业到实际作业的过程，凿岩质量的高低决定了对设计者思路的执行程度。凿岩的工程特征主要有：断面形状、掘进断面（净断面）、炮孔深度、炮孔直径（钻头的尺寸）、炮孔数、凿岩机械的型号。

1）断面形状。现阶段来说，通过调研的巷道情况来看，各个矿务局的岩巷的断面形状主要以半圆拱形为主，因为从受力性能来讲，半圆拱形最优。所以本书所做预测的巷道也全部为半圆拱形巷道，不再考虑断面形状作为工程特征。

2）掘进断面。巷道断面有掘进断面（毛断面或荒断面）和净断面之分，掘进断面和净断面的主要区别是比净断面多了支护喷浆的厚度，净断面是巷道设计断面尺寸。由于巷道在爆破施工中不可避免地产生超欠挖现象，根据调研的情况来看，普遍超挖在 100~200mm 左右，导致实际掘进断面比设计掘进断面大，所以，掘进断面的尺寸是作为岩巷的一个重要特征。工程掘进断面的大小，是岩巷的重要属性之一，断面的大小对钻孔工作、爆破工作，以及支护工作都会产生较大的影响。对大断面巷道来讲，掘进的作业工序可以利用大断面提供的较大空间尽可能地组织多工序平行作业和交叉作业，比如喷浆与迎头钻孔的平行，补打锚杆与钻孔的平行作业，钻孔与装岩的平行等等。

3）炮孔深度。炮孔深度是决定单循环进尺和炮孔利用率的先决条件，炮孔深度是巷道掘进中深孔爆破中最基本的技术参数之一，同时炮孔深度还影响到凿岩的效率和速度，它既影响着一个循环各工序的工作量及完成时间，又影响着爆破效果和掘进速度。根据前人的研究，对于气腿式凿岩机来讲，当炮孔深度超过2.5m以后，钻孔速度就会显著下降，对于中深孔凿岩来说，在凿岩机械采用常用的气腿式凿岩机的情况下，孔深每增加1m，凿岩速度大约递降4%~8%。钎杆长度也是影响凿岩作业的因素，钎杆越长凿岩工人操作难度越大。

4）钎头直径。钎头直径直接和凿岩的面积或者炮孔的直径相关，根据统计分析得到，凿岩速度与炮孔直径的 n 次方成反比，n 值一般取值1~2.5。钎头直径可以近似等于炮孔直径，炮孔直径与炸药型号选择有关，岩巷爆破中，通常采用不耦合系数来决定炮孔直径和药卷直径的选择。所以，钎头直径和药卷直径可以用炮孔直径来替代。

5）炮孔数。炮孔数与爆破技术、掘进断面以及岩石的硬度等有关，为保证各个工程特征的独立性，炮孔数不作为工程特征考虑。

6）凿岩机械的型号。不同的凿岩机功率和钻孔速度都不相同，也就是凿岩机的生产效率也不同。如表4-1所示，凿岩机的台班效率（m/(台·班)）与凿岩机的型号有较大关系。

表4-1　凿岩机台班效率

凿岩机型号	岩石普氏坚固性系数 f			
	8~10	10~12	12~14	14~16
7655	30	25	23	22
YSP45	25	23	22	21
YG80	20	17	15	12

（3）爆破。爆破时岩巷实现掘进的核心环节，没有爆破进尺，爆破前的工作是无用功，爆破后的支护等施工环节也就无从谈起。爆破进尺是岩巷掘进的重中之重，爆破质量的高低与爆破参数的选择有关。爆破效果的评价中炮孔利用率是个重点指标，炮孔利用率越高，也就是单位进尺下，工人的劳动效率就越高，对掘进速度贡献越大。爆破参数中，重要是掏槽技术、周边技术参数的选择。“进尺看掏槽，成型看周边”，这句话点出了掘进工作的本质。爆破进尺的高低决定于掏槽，掏槽水平高，提供的自由面大，有利于后续辅助孔的爆破，炮孔利用率就高；巷道的成型水平与后续的支护工作量紧密相关，超挖现象是现阶段岩巷掘进常遇到的问题，导致支护工程量大大增加。炸药是影响爆破的另一个因素，炸药与岩石的匹配性决定采用高爆速还是低爆速炸药，一般来讲，高爆速炸药（如水胶炸药）适合硬度较大的岩石，低爆速（如乳化炸药）适合中低硬度的岩石。爆破效果还与炸药的装填和堵塞质量有关，装填质量不高，容易引起殉

爆，堵塞质量不高，尤其是对中硬岩来说容易成冲天炮，都会影响到最后的爆破进尺。对岩巷来说，一般都是连续不耦合装药，装药结构分为正向和反向装药，结构形式与所处矿井是高或者低瓦斯矿井有关，且与自然条件系统中的瓦斯相关，在高瓦斯矿井可以采用反向装药但是要采取安全措施。所以在自然条件子系统里不再考虑瓦斯量。爆破作业方式可以分为全断面爆破和台阶爆破，从调研的情况来看，台阶爆破在岩巷中应用得很少，就全断面爆破来讲，一般分为全断面一次爆破和全断面分次爆破，这主要和起爆器的起爆能力及施工组织有很大关系。所以本书只考虑全断面爆破的作业方式，同时不再考虑起爆器型号和雷管对岩巷掘进的影响。

(4) 排矸运输。岩巷爆破之后，产生大量的矸石，迎头矸石的清运工作影响到后续作业循环的正常开展。

排矸运输方式主要由耙矸机械和运输机械的形式决定，有耙岩机和矿车（皮带）的组合，也有侧卸装岩机和皮带的组合。不同的组合出矸效率也不尽相同，耙岩机和侧卸装岩机主要看型号，矿车主要是看矿车的供应能力的影响，皮带主要看本皮带以及整个皮带系统的故障率的控制。

矸石的块度直接影响耙岩机械的耙矸效率，大块率表示爆破后岩石块度大于80cm的矿岩体积含量（矿山规定大于80cm为大块)。大块率越高，需要增加二次爆破或破碎工作，所以渣石块度分布越均匀，出渣越容易，耙斗的装岩效率就越高。矸石量的多少与炮孔深度和巷道断面有关，也与爆破后的块度有关，所以本书只考虑块度的影响，不再考虑爆破后矸石量。

排矸工艺，排矸工艺主要是指迎头积矸的处理方式，是采取一次性全部运出，或者先耙出工作面，再和凿岩平行作业出矸，此种作业方式，影响到人员及材料的通行；或者在巷道中设立临时矸仓（梭车)，矸仓的容积够2~3个循环的矸石量，此种工艺能够很好地实现迎头的连续掘进，出矸不会对迎头造成影响，也很少产生积矸，同时有利于人员和材料的通行。

(5) 支护。支护方式是岩巷掘进的主要方面，支护方式有砌碹、锚喷、架棚等方式，不同的方式对岩巷掘进的速度影响程度不同。现阶段，锚喷支护是岩巷支护的主要方式，本书的岩巷支护也仅以锚喷支护为研究对象。锚喷支护主要由喷浆厚度以及锚杆密度这两个参数决定，有的还需加上锚索密度。支护器具主要有气腿式锚杆钻机，比如MQC120c型是现在比较普及的类型，但是对于硬岩顶板已经不再适用，只能用气腿式凿岩机代替。所以支护机具的形式不再适用于作为工程特征来采用。支护工艺主要有一次支护和二次支护之分，一次支护也就是爆破完成后安装锚杆和喷浆先后全部完成，基本达到巷道验收质量标准；二次支护是先打少许锚杆加初喷，补打锚杆加复喷。一次支护占用循环时间长，二次支护由于能与迎头工作平行作业，支护占用时间较短，能够使循环进度加快。

(6) 生产辅助。生产辅助主要是指为了保证生产的正常进行但不直接参与生产的工作，如机电、通风、排水、压风等生产辅助系统。只有这些辅助系统正常运转，生产才能正常进行，生产辅助系统可靠性程度是岩巷正常作业循环的重要保障。为减少输入指标的工作量，我们假设辅助系统都完好，对掘进生产影响不大。

(7) 组织管理。组织管理主要侧重于施工作业方式是三八制还是四六制，不同的组织形式对掘进的影响也不相同。再一个需要考虑的是组织管理的作业制度执行程度，以及为提高工人的劳动积极性在激励管理方面的工作情况。

通过对以上因素的分析，参考专家意见，根据其对岩巷掘进速度的影响程度确定的工程特征初步确定岩巷掘进速度预测的输入指标有：巷道埋深、涌淋水、工作面温度、顶板管理难易、裂隙节理发育、岩石的坚固性系数、断面大小、炮孔深度、凿岩孔数、钻孔机械型号及台数、炮孔直径、掏槽方式、周边孔间距、爆破作业方式、炸药类型、堵塞质量、装药结构、单耗、超欠挖、锚杆长度、锚杆间排距、钻孔设备、喷浆厚度、喷浆设备、支护工艺、出矸机械组合、矸石块度、矿车供应（故障率）、装岩设备型号、劳动组织形式、工人技术水平、平行作业率、工人积极性、班组管理、单班人数，共计 35 个，如图 4-3 所示。

4.3.2 岩巷掘进预测输入指标的灰关联度分析

通过上节的理论和实际调研分析，我们初步确定了岩巷进尺预测输入的指标。但是在实际过程中，由于各个矿区的实际情况不同，采取的设备、技术、人员素质、组织管理等方面都存在着差异，在某个矿区成为阻碍岩巷掘进速度的最大影响因素，可能在其他矿区就不是主要的问题，比如说淮南淮北矿区瓦斯、地热等地质危害突出，影响快速掘进速度，而在山东或者河北矿区这两个因素就不是主要问题。也就是说，影响岩巷快速掘进的因素具有地域性和相对性，主要因素和次要因素可以相互转化。所以，本节在分析岩巷掘进预测输入指标前先对各个矿区的输入指标进行排序，确定各个矿区的主要输入指标，为预测模型的准确性打好基础。

4.3.2.1 灰关联性简介

A 灰色系统简介

灰色系统理论（grey system theory，GST 或 GS）是由华中科技大学邓聚龙教授在 1982 年创立的一门新兴学科，是系统分析理论的一个分支。

灰色系统理论主要的研究任务是分析、建模、预测、决策、评估、规划、控制等，研究对象为一些本征性灰色系统。它的研究内容包括对研究对象的了解程度，对研究任务的分析深入度，对发展目标的制定情况等，这三个方面确定了灰

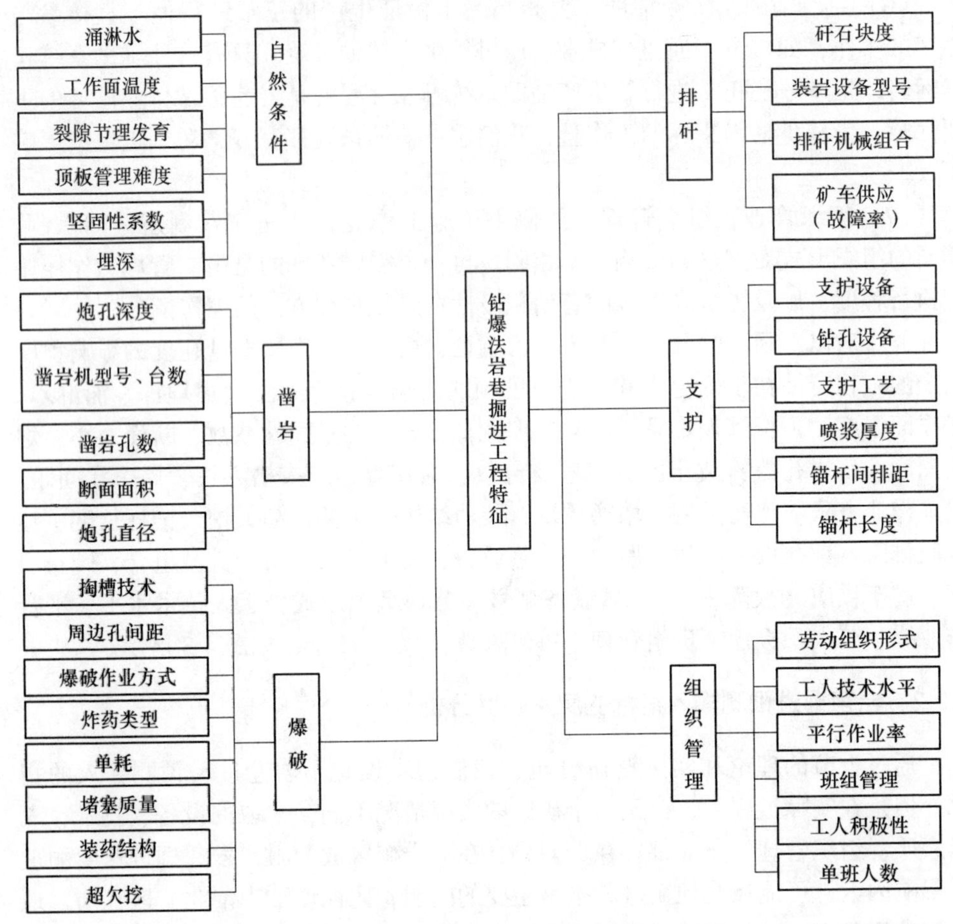

图 4-3　工程特征总输入指标

色系统研究的问题域。而且，灰色系统研究的各个方面都是相互联系和影响的，各个方面相互交织在一起，构成纵横交错的不确定的信息网络。“灰”的基本意思是“信息不完全和不确定”。

B　灰色关联度

灰色关联分析是对系统之间或者系统里的各个因素之间做出定量的比较或是描述其在发展的过程中，随时间的变化而变化的情况，也就是对时间序列曲线的几何形状来进行分析，依据其在变化的大小、方向和速度等方面的接近程度来对彼此的关联性大小进行衡量。具有少数据（每个序列只要有3个数据）、数据的分布形式不必考虑、计算简便的特点。

灰色关联度就是灰色关联分析的结果，是一种衡量两个因素或系统间关联性大小的量度。灰色关联分析就是看两个比较的序列如果在变化的态势上基本上保持一致或者相似，我们就认为它们的同步变化的程度就比较高，也就是两者的关联度较大；反之，两者之间的关联程度比较小。只有在弄清楚系统中的因素关联程度的基础上，我们才能对系统认识透彻，才会真正地分清楚哪些因素是制约因素，以及孰轻孰重，放弃次要矛盾，把握主要矛盾。

C 掘进系统的灰关联性

从系统工程的观点来看，岩巷爆破掘进是一个多因素、多层次、多目标的复杂系统。系统中既有尚未被人们发现的信息——黑色信息，又有已被人们了解到信息——白色信息，而更多的是人们既知道一些，又不非常清楚的灰色信息，因此，可以把爆破掘进过程看作一个典型的灰色系统，可以用灰色系统的理论及其方法进行研究分析。爆破掘进的速度受很多因素的影响，这些因素（例如，水文地质条件通过勘探我们能知道水文地质条件其中的一部分信息，不可能完全把握准确信息）本身具有不确定性，并且影响因素之间又相互联系、相互影响，共同影响爆破效果的优劣程度。所以爆破掘进系统具有众多的不确定因素和未知因素，可以作为灰色系统的研究对象。

用灰色系统理论的灰关联分析方法可以有效地分析研究对象影响因素之间的主次关系，对于同一矿区或同一煤炭企业集团内矿井，已形成固定爆破参数、炸药类型、机械型号等参数，所以岩巷爆破掘进系统分析以矿区为单位分析进尺变慢的主要因素，这样才具有重要的意义。通过灰关联分析能够获得影响岩巷爆破掘进效果的最重要的因素，然后对其进行重点改进，从而更迅速地达到改善爆破进尺的目的。

4.3.2.2 灰关联性的数学计算原理

在应用灰关联系统理论对岩巷掘进进行分析时，把反映快掘效果优劣的评价指标量定义为系统特征变量，用 $Y_i(i=1, 2, \cdots, n)$ 来表示，n 为特征向量个数；我们把各种掘进效果影响因素量定义为相关因素变量，用 $X_j(j=1, 2, \cdots, m)$ 来表示，m 表示因素量数。

如果通过同一矿区内 n 条巷道来对影响岩巷掘进效果的主要因素进行研究分析，那么，每一个系统特征变量以及相关因素变量在 n 条巷道中所观测到的数据（样本值）就形成了相应的系统特征变量数据序列和相关因素变量数据序列：

$$Y_i=[Y_i(1), Y_i(2), \cdots, Y_i(n)] \tag{4-2}$$

$$X_j=[X_j(1), X_j(2), \cdots, X_j(n)] \tag{4-3}$$

式中，Y_i，X_j 分别代表第 i 个系统特种变量和第 j 个相关因素变量在第 k 条巷道中的数据。

对岩巷掘进的灰色关联分析，其目的为确定影响岩巷掘进效果的主要因素，不需要考虑特征变量序列中各个数据相对始点的变化率，这样就不存在灰关联度计算中因分辨系数选取的不同而出现的计算问题。所以，在岩巷掘进系统灰色关联研究中以灰色绝对关联度为基础进行灰色关联分析。

在计算时，变量数据的单位是不统一的，为了保证计算出的关联度的准确性，必须对各变量数据序列进行均值化变换。为此通过均值化算子 D_1 来计算各变量序列的均值，将式（4-2）和式（4-3）两式转化为：

$$Y_i' = Y_i D_1 = [Y_i'(1), Y_i'(2), \cdots, Y_i'(k), \cdots, Y_i'(n)] \tag{4-4}$$

$$X_j' = X_j D_1 = [X_j'(1), X_j'(2), \cdots, X_j'(k), \cdots, X_j'(n)] \tag{4-5}$$

式中

$$Y_i'(k) = \frac{Y_i(k)}{\overline{Y_i}}, \qquad \overline{Y_i} = \frac{1}{n}\sum_{k=1}^{N} Y_i(k)$$

$$X_j'(k) = \frac{X_j(k)}{\overline{X_j}}, \qquad \overline{X_j} = \frac{1}{n}\sum_{k=1}^{N} X_j(k)$$

对式（4-4）、式（4-5）两式分别应用始点零象化算子 D_0 的作用计算相应的始点零象。

$$Y_i^0 = Y_i' D_0 = [Y_i^0(1), Y_i^0(2), \cdots, Y_i^0(k), \cdots, Y_i^0(n)] \tag{4-6}$$

$$X_j^0 = X_j' D_0 = [X_j^0(1), X_j^0(2), \cdots, X_j^0(k), \cdots, X_j^0(n)] \tag{4-7}$$

式中

$$Y_i^0(k) = Y_i'(k) - Y_i'(1)$$

$$X_j^0(k) = X_j'(k) - X_j'(1)$$

然后运用灰色绝对关联的定义得出系统特征变量的灰色绝对关联度为：

$$E_{ij} = \frac{1 + |YS_i| + |XS_j|}{1 + |YS_i| + |XS_j| + |XS_j - YS_i|} \tag{4-8}$$

式中，E_{ij} 表示第 i 个系统特征变量与 j 个因素变量的灰色绝对关联度；$|YS_i|$、$|XS_j|$、$|XS_j - YS_i|$ 由下式给出：

$$|YS_i| = \left|\sum_{k=2}^{n-1} Y_i^0(k) + \frac{1}{2}Y_i^0(n)\right|$$

$$|XS_j| = \left|\sum_{k=2}^{n-1} X_j^0(k) + \frac{1}{2}X_j^0(n)\right|$$

$$|XS_j - YS_i| = \left|\sum_{k=2}^{n-1} [X_j^0(k) - Y_i^0(k)] + \frac{1}{2}[X_j^0(n) - Y_i^0(n)]\right|$$

利用式（4-8）计算出系统特征变量的灰色绝对关联度 E_{ij}，从而得出灰色绝对关联矩阵：

$$A = \begin{vmatrix} E_{11} & E_{12} & \cdots & E_{1n} \\ E_{21} & E_{22} & \cdots & E_{2n} \\ \vdots & \vdots & & \vdots \\ E_{s1} & E_{s2} & \cdots & E_{sn} \end{vmatrix} \tag{4-9}$$

当 $i, j \in \{1, 2, \cdots, m\}$ 满足 $E_{i1} > E_{ij}(i = 1, 2, \cdots, s)$ 时，认为因素 X_1 优于 X_j 。

如果最优因素不存在，那么必然存在 $i, j \in \{1, 2, \cdots, m\}$ 满足 $\sum_{i=1}^{j} E_{i1} \geqslant \sum_{i=1}^{j} E_{ij}$ ，此时定义为因素 X_1 准优于因素 X_j。如果同时对任意的 $j = 1, 2, \cdots, m$，$j \neq 1$，都存在因素 X_1 优于因素 X_j，则称 X_1 为准优因素。在工程领域把最优秀因素和准优因素统一称作优势因素或者主要因素。

4.3.2.3 输入指标灰关联性确定

为简化计算过程，本书利用 DPS（data processing system）处理系统中灰色关联度模块对预测指标数据进行分析，DPS 平台是作者设计研制的通用多功能数理统计和数学模型处理软件系统。它将数值计算、统计分析、模型模拟以及画线制表等功能融为一体。因此，DPS 系统主要是作为数据处理和分析工具而面向广大用户。DPS 系统兼有如 Excel 等流行电子表格软件系统和若干专业统计分析软件系统的功能。与流行的电子表格系统比较，DPS 平台具有强大得多的统计分析和数学模型模拟分析功能。与国外同类专业统计分析软件系统相比，DPS 系统具有操作简便，在统计分析和模型模拟方面功能齐全，易于掌握，尤其是对广大中国用户，其工作界面友好，只需熟悉它的一般操作规则就可灵活应用。

具体分析过程如下：

（1）原始数据的形式多样，有的有单位，有的无量纲，有的只是定性的描述、有的是定量的展示，为了更好地进行关联度分析，对于无量纲和定性的描述先进行数据的赋值，如表 4-2 所示。

（2）分别对山东、河北、安徽、山西等地矿区的岩巷巷道数据进行原始数据转换。安徽进尺样本原始数据如表 4-3 所示，数据转换方法采用标准化法转换：先求出数列的平均值和标准差，然后将原始值减去平均值后除以标准差，得到转换矩阵（限于篇幅，只列出前 8 列数据的转换结构，如表 4-4 所示），最后得出关联度，如表 4-5 所示。

表4-2 数据预处理

项目	涌淋水			裂隙节理		
评价	无	少许	大量	不发育	较发育	发育
赋值	1	2	3	1	2	3
项目	工作面温度			掏槽形式		
评价	适中	较高	高	楔形掏槽	直孔掏槽	其他
赋值	1	2	3	1	2	3
项目	顶板管理			爆破作业		
评价	容易	较难	难	一次	两次	多次
赋值	1	2	3	1	2	3
项目	炸药			支护		
评价	水胶炸药	乳化炸药	其他	一次锚杆 两次喷浆	二次锚杆 两次喷浆	其他
赋值	1	2	3	1	2	3
项目	堵塞质量			排矸运输		
评价	好	一般	差	耙岩机 +矿车	耙岩机+皮带	耙岩机+临时矸石仓 +矿车（皮带）
赋值	1	2	3	1	2	3
项目	装药结构			故障率/供应情况		
评价	正向	反向	其他	高/紧张	较高/较充足	低/充足
赋值	1	2	3	1	2	3
项目	矸石块度			工人技术水平		
评价	均匀	不均匀	—	高	较高	低
赋值	1	2	3	1	2	3
项目	平行作业率			工人积极性		
评价	高	较高	低	高	较高	低
赋值	1	2	3	1	2	3
项目	班组管理			辅助系统故障率		
评价	好	较好	一般	高	较高	低
赋值	1	2	3	1	2	3
项目	装岩设备			劳动组织		
评价	P-60	P-90	ZWY-120	四六制	三八制	—
赋值	70	95	120	10	11	—

续表 4-2

项目	锚杆机							
评价	7665	MQT-50C	MQT-85	MQT-120	MQT-130	7655、MQT-120	7665、MQT-130	YT-28、MQT-120
赋值	1	2	3	4	5	6	7	8

项目	凿岩机					
评价	7655	7665	YT28	YT29	CMJ17	—
赋值	36	34	37	37	40	

表 4-3 巷道原始数据（安徽）

巷道埋深	涌淋水	工作面温度	顶板管理	节理发育	岩石的坚固性系数	断面大小	炮孔深度	凿岩孔数	钻孔机械型号	炮孔直径	掏槽方式	周边孔间距	爆破方式	炸药类型	堵塞质量	装药结构	单耗
740	1	1	1	2	5	15.70	2.2	90	36	32	1	350	1	1	1	1	1.45
740	2	1	1	2	5	16.10	2.5	84	36	32	1	350	1	1	2	1	1.04
748	2	1	1	3	5	19.76	2.2	89	36	32	1	350	1	1	3	1	1.11
533	1	1	1	2	6	12.07	2.0	75	34	32	2	350	2	1	1	1	1.52
520	2	2	2	2	6	11.20	2.2	69	37	32	2	300	1	1	2	1	1.33
383	3	1	3	3	5	11.88	1.2	65	34	32	1	350	2	1	3	1	2.20
826	1	1	1	2	5	21.90	2.2	98	37	32	1	350	2	1	1	1	1.45
765	2	2	1	2	6	21.27	2.2	95	34	32	1	300	2	1	2	1	1.07
901	2	1	1	3	6	21.27	2.0	95	34	32	1	300	2	1	3	1	1.17
645	1	1	2	2	7	23.70	1.6	94	37	32	1	300	2	1	1	1	1.53
580	2	1	2	2	6	22.00	1.8	94	37	29	1	300	2	1	2	1	1.41
550	1	1	2	2	6	14.40	1.7	101	37	32	1	300	1	1	3	1	1.84
680	1	1	1	1	6	24.28	1.8	95	37	42	1	300	2	1	1	1	2.06
796	1	2	1	2	7	21.12	2.0	90	37	42	1	350	2	1	2	1	2.53
645	3	1	1	3	3	22.50	2.0	133	37	32	1	350	2	1	3	1	1.74
580	1	1	1	2	4	17.41	2.0	124	36	42	1	450	2	1	1	1	2.35
420	2	2	1	1	5	17.41	2.3	117	36	42	1	450	2	1	2	1	2.05
400	2	1	1	3	6	20.09	2.3	96	36	42	1	450	2	1	3	1	1.49
370	1	1	1	2	10	7.94	2.2	44	37	32	1	300	2	1	1	1	2.79
371	2	1	1	2	5	16.80	2.2	75	37	32	1	350	3	1	2	1	3.52
509	1	2	1	3	5	21.90	2.2	89	37	32	1	300	2	1	3	1	0.75
645	1	1	1	1	4	9.84	2.2	46	37	42	1	320	1	1	1	1	2.51

续表 4-3

巷道埋深	涌淋水	工作面温度	顶板管理	节理发育	岩石的坚固性系数	断面大小	炮孔深度	凿岩孔数	钻孔机械型号	炮孔直径	掏槽方式	周边孔间距	爆破方式	炸药类型	堵塞质量	装药结构	单耗
788	2	2	1	2	6	21.43	2.4	104	37	32	1	500	2	1	2	1	1.70
714	1	3	1	1	6	21.00	1.8	98	36	32	1	300	3	1	3	1	3.15
610	1	2	1	1	6	9.41	2.0	50	36	32	1	350	1	1	1	2	3.74
560	2	2	1	2	7	19.19	2.2	119	36	42	1	300	3	1	2	1	2.72
660	2	2	1	3	5	21.50	2.2	95	40	44	1	350	3	1	3	1	2.22
660	1	2	1	3	6	17.03	2.2	114	40	42	1	350	3	1	1	1	2.59
480	2	2	2	1	5	17.98	2.2	105	36	42	1	500	2	1	2	1	1.52
900	1	2	1	3	8	14.81	2.3	97	34	42	1	400	2	1	3	1	2.99
506	1	2	1	1	7	14.29	2.0	70	37	42	1	350	2	1	1	1	2.01
900	2	2	1	3	9	11.65	2.0	76	36	42	1	350	2	1	2	1	2.12
906	2	2	1	3	5	25.46	2.2	95	37	32	1	300	2	1	3	1	1.68
965	1	2	1	2	8	21.87	2.2	82	37	32	1	300	2	1	1	1	1.38
959	2	2	1	2	5	15.77	2.2	68	36	32	1	300	2	1	2	1	2.16

超欠挖	锚杆长度	锚杆间排距	钻孔设备	喷浆厚度	喷浆设备	支护工艺	出矸机械	矸石块度	矿车供应/故障率	装岩设备	劳动组织	工人水平	平行作业率	工人积极性	班组管理	单班人数	月进尺/m
150	2.4	0.49	6	150	1	1	1	1	3	95	11	1	1	2	2	18	100
100	2.4	0.49	6	150	1	1	1	1	3	95	11	1	1	1	2	18	100
150	2.4	0.49	5	150	1	1	1	1	3	95	11	1	1	1	1	17	120
300	2.4	0.64	7	200	1	2	1	2	1	70	11	3	3	3	3	10	55
200	2.4	0.49	5	100	1	1	1	1	3	70	11	1	1	1	1	25	120
150	2.4	0.64	5	150	1	1	1	2	3	70	11	3	3	3	3	15	92
200	2.4	0.49	5	100	1	1	1	2	2	95	11	3	3	3	1	15	80
100	2.4	0.49	5	100	3	1	1	1	2	95	11	3	3	3	2	18	85
200	2.5	0.49	1	100	2	1	2	1	2	95	11	2	2	2	3	14	85
150	2.5	0.49	7	100	1	1	2	2	1	95	11	2	2	2	1	22	60
200	2.5	0.49	7	100	1	1	2	1	3	70	11	2	2	2	2	20	95
50	2.5	0.49	4	50	1	1	2	1	3	70	11	1	1	1	1	14	140
150	2.0	0.64	4	150	1	1	2	1	3	95	11	2	2	2	1	16	90
200	2.2	0.64	4	150	1	1	1	1	2	95	11	2	2	2	2	16	75
150	2.2	0.64	4	100	1	1	2	1	3	95	11	1	1	1	3	15	75

续表 4-3

超欠挖	锚杆长度	锚杆间排距	钻孔设备	喷浆厚度	喷浆设备	支护工艺	出矸机械	矸石块度	矿车供应/故障率	装岩设备	劳动组织	工人水平	平行作业率	工人积极性	班组管理	单班人数	月进尺/m
300	2.5	0.64	4	100	4	1	1	1	2	95	11	1	1	1	1	13	75
300	2.5	0.64	4	100	4	1	1	1	2	95	11	1	1	1	2	16	80
300	2.5	0.64	4	100	4	1	1	2	2	95	11	1	1	1	3	16	80
100	2.0	0.49	4	100	4	1	1	2	2	70	11	2	2	2	1	20	80
100	2.2	0.49	4	100	4	1	1	1	2	95	11	2	2	2	2	15	90
200	2.6	0.49	3	100	1	1	1	1	2	95	11	3	3	3	3	25	80
200	2.0	0.49	4	150	1	1	1	1	3	70	11	1	1	1	1	15	140
200	2.2	0.5	8	150	2	1	1	1	2	70	11	1	1	1	2	19	85
100	2.2	0.64	4	100	1	2	1	2	1	70	11	3	3	3	3	15	50
200	2.2	0.64	4	100	1	2	2	1	3	70	11	1	1	1	1	17	120
270	2.2	0.64	4	100	1	2	2	2	1	95	11	1	1	1	3	12	60
100	2.5	0.64	8	120	6	1	2	1	2	95	11	2	2	2	2	16	90
200	2.5	0.64	8	120	5	2	1	1	2	95	11	1	1	1	2	22	80
100	2.5	0.64	4	100	1	2	2	1	2	95	11	1	1	1	2	13	75
200	2.2	0.49	8	100	1	1	2	1	3	95	11	1	1	1	3	17	100
300	2.2	0.64	8	100	1	2	1	1	3	70	11	1	1	1	1	12	90
250	2.2	0.64	4	100	1	2	3	2	2	70	11	2	2	2	2	13	85
200	2.5	0.64	8	100	2	2	1	2	1	95	11	3	3	3	3	15	65
200	2.5	0.64	8	100	2	1	1	2	1	95	11	2	2	2	2	15	75
200	2.2	0.64	8	100	2	1	2	2	1	95	11	2	2	2	2	15	75

表 4-4 （部分）样本的数据转换

巷道埋深	涌淋水	工作面温度	顶板管理	节理发育	坚固性系数	断面大小	炮孔深度
0.5068	0.7626	-1.0632	-0.4476	-0.162	-0.6864	-0.3538	2.5805
0.7695	0.7365	-1.0477	-0.4645	1.2885	-0.6749	0.4251	0.4451
-0.6802	-1.0018	-1.0419	-0.4645	-0.1722	0.0854	-1.4583	-0.3496
-0.8306	0.7739	0.8693	1.8308	-0.1712	0.0838	-1.5646	0.9002
-1.7226	2.5044	-1.0322	3.9785	1.2885	-0.6622	-1.1975	-3.4496
1.0303	-0.9942	-1.0632	-0.4476	-0.1663	-0.7004	0.9186	0.4661
0.5757	0.7365	0.8823	-0.4476	-0.1683	0.0904	0.6298	0.8346
1.4765	0.7739	-1.0632	-0.4645	1.3539	0.0871	0.761	-0.3404

续表 4-4

巷道埋深	涌淋水	工作面温度	顶板管理	节理发育	坚固性系数	断面大小	炮孔深度
-0.0712	-1.0318	-1.0322	1.7902	-0.1683	0.8635	1.3016	-1.9809
-0.4786	0.7739	-1.0051	1.8038	-0.1652	0.0891	0.9297	-1.1827
-0.7249	-0.9567	-1.0632	1.7225	-0.1722	0.0854	-0.7997	-1.6203
0.1373	-0.982	-1.0632	-0.4552	-1.6211	0.086	1.792	-1.2002
0.8394	-1.0318	0.8823	-0.4421	-0.1712	0.8812	0.7473	-0.3338
0.088	2.5796	-1.0322	-0.4509	1.2553	-2.199	0.9027	-0.3601
-0.4646	-1.0168	-1.0245	-0.4476	-0.1696	-1.4098	-0.0983	-0.3548
-1.3374	0.7513	0.8521	-0.4552	-1.7033	-0.7004	0.0745	0.4731
-1.5105	0.7584	-1.0051	-0.4391	1.3342	0.0904	0.4986	0.8821
-1.7719	-1.0318	-0.9858	-0.4577	-0.1722	3.0966	-2.3317	0.4731
-1.8255	0.7739	-1.0119	-0.4645	-0.1747	-0.6494	-0.2151	0.0567
-0.8148	-1.0318	0.8464	-0.4645	1.2885	-0.6666	0.9073	0.8871
-0.0771	-1.0318	-1.0051	-0.4645	-1.6412	-1.4478	-1.8023	0.0578
0.6238	0.7316	0.8693	-0.4645	-0.162	0.0871	0.8181	1.2241
0.4327	-1.0168	2.7707	-0.4476	-1.7033	0.0838	0.9768	-1.1762
-0.1706	-1.0112	0.8823	-0.4421	-1.6102	0.0871	-1.9858	-0.3601
-0.7188	0.7626	0.8627	-0.4509	-0.1747	0.8491	0.2533	0.4801
0.0138	0.7175	0.8627	-0.4391	1.3268	-0.6494	0.7093	0.4731
0.0138	-0.9567	0.8464	-0.4391	1.3268	0.0904	-0.1871	0.4626
-1.0944	0.7175	0.8627	1.7902	-1.6211	-0.68	0.0309	0.4539
1.4487	-0.9755	0.8693	-0.4645	1.3268	1.672	-0.7151	0.8739
-0.8794	-1.0318	0.8953	-0.4577	-1.6536	0.8555	-0.6963	-0.3529
1.4623	0.7739	0.8693	-0.4391	1.3046	2.427	-1.4641	-0.347
1.4846	0.7584	0.8953	-0.4306	1.3539	-0.7004	1.791	0.4626
1.8764	-0.9942	0.8627	-0.4306	-0.1683	1.6385	0.9462	0.4569
1.8631	0.7457	0.8953	-0.4509	-0.1747	-0.6902	-0.388	0.0583

表 4-5 指标的关联度分析（安徽）

项目	巷道埋深	涌淋水	工作面温度	顶板管理难易	裂隙节理发育	岩石的坚固性系数	掘进断面大小	炮孔深度	凿岩孔数
关联度	0.3995	0.4062	0.3818	0.5211	0.4521	0.4665	0.4192	0.4477	0.4034
序号	31	21	33	6	14	11	23	17	28

续表 4-5

项目	钻孔机械及型号	炮孔直径	掏槽方式	周边孔间距	爆破作业方式	炸药类型	堵塞质量	装药结构	单耗
关联度	0.4689	0.3979	0.537	0.4764	0.4595	0.566	0.4691	0.5375	0.4651
序号	10	32	4	8	13	2	9	3	12
项目	超欠挖	锚杆长度	锚杆间排距	钻孔设备	喷浆厚度	喷浆设备	支护工艺	出矸机械组合	矸石块度
关联度	0.4001	0.4101	0.3739	0.4411	0.5285	0.4484	0.4483	0.4177	0.3682
序号	30	25	34	18	5	15	16	24	35
项目	矿车供应/故障率	装岩设备型号	劳动组织形式	工人的技术水平	平行作业率	工人积极性	班组管理	单班人数	—
关联度	0.6102	0.4031	0.4079	0.4201	0.4343	0.4233	0.4365	0.4897	
序号	1	29	26	22	20	21	19	7	

（3）结果分析。从表 4-5 的分析结果来看，安徽地区影响岩巷月进尺的因素中关联度较小的有矸石块度、锚杆间排距、工作面温度、炮孔直径、巷道埋深，这五个因素对预测月进尺的优劣影响较小，故将其约去。从关联度上分析可得，故障率和矿车、炸药类型、装药结构、掏槽方式，这五个因素是主要的影响因素，对岩巷掘进月进尺影响最大。

同理，河北、山东、山西等地的岩巷掘进关联度分析也按上面所示步骤进行，其结果如表 4-6~表 4-8 所示。

从表 4-6 的分析结果来看，河北地区影响岩巷月进尺的因素中关联度较小的有矸石块度、爆破作业方式、裂隙节理发育、劳动组织形式、工人的积极性，这五个因素对预测月进尺的优劣影响较小，故将其约去。从关联度上分析可得，故障率和矿车供应、炮孔深度、凿岩孔数、锚杆间排距、单班人数，这五个因素是主要的影响因素，对岩巷的月进尺影响最大。

从表 4-7 的分析结果来看，山东地区影响岩巷月进尺的因素中关联度较小的有矸石块度、顶板管理难易、裂隙节理发育、劳动组织形式、工人的积极性，这五个因素对预测月进尺的优劣影响较小，故将其约去。从关联度上分析，故障率和矿车供应、炮孔深度、掏槽方式、超欠挖、裂隙节理发育，这五个因素是主要的影响因素，对岩巷的月进尺影响最大。

从表 4-8 的分析结果来看，山西地区影响岩巷岩巷月进尺的因素中关联度较小的有矸石块度、工作面温度、巷道埋深、炮孔直径、顶板管理难易，这五个因素对预测月进尺的优劣影响较小，故将其约去。从关联度上分析可得，掏槽方式、故障率和矿车、平行作业率、工人积极性、出矸工艺，这五个因素是主要的影响因素，对岩巷的月进尺影响最大。

表 4-6 指标的关联度分析（河北）

项目	巷道埋深	涌淋水	工作面温度	顶板管理难易	裂隙节理发育	岩石的坚固性系数	掘进断面大小	炮孔深度	凿岩孔数
关联度	0. 3152	0. 3627	0. 3971	0. 2644	0. 2236	0. 3955	0. 2936	0. 4689	0. 5496
序号	20	13	7	26	33	8	23	3	2
项目	钻孔机械及型号	炮孔直径	掏槽方式	周边孔间距	爆破作业方式	炸药类型	堵塞质量	装药结构	单耗
关联度	0. 3345	0. 3403	0. 3444	0. 3151	0. 2121	0. 3674	0. 2811	0. 41	0. 393
序号	18	16	14	21	34	11	24	6	9
项目	超欠挖	锚杆长度	锚杆间排距	钻孔设备	喷浆厚度	喷浆设备	支护工艺	出矸机械组合	矸石块度
关联度	0. 3427	0. 3249	0. 4613	0. 3069	0. 2735	0. 3674	0. 2532	0. 3863	0. 1997
序号	15	19	4	22	25	12	28	10	35
项目	矿车供应/故障率	装岩设备型号	劳动组织形式	工人的技术水平	平行作业率	工人积极性	班组管理	单班人数	—
关联度	0. 7545	0. 3393	0. 2373	0. 2527	0. 2522	0. 2505	0. 2539	0. 4153	
序号	1	17	32	29	30	31	27	5	

表 4-7 指标的关联度分析（山东）

项目	巷道埋深	涌淋水	工作面温度	顶板管理难易	裂隙节理发育	岩石的坚固性系数	掘进断面大小	炮孔深度	凿岩孔数
关联度	0. 471	0. 4003	0. 3869	0. 3289	0. 4816	0. 3597	0. 4298	0. 5488	0. 468
序号	9	22	27	34	5	30	17	2	10
项目	钻孔机械及型号	炮孔直径	掏槽方式	周边孔间距	爆破作业方式	炸药类型	堵塞质量	装药结构	单耗
关联度	0. 3948	0. 4795	0. 5052	0. 3859	0. 3437	0. 4606	0. 4009	0. 445	0. 4712
序号	24	6	3	28	33	12	21	15	8
项目	超欠挖	锚杆长度	锚杆间排距	钻孔设备	喷浆厚度	喷浆设备	支护工艺	出矸机械组合	矸石块度
关联度	0. 4844	0. 4292	0. 4036	0. 3969	0. 4064	0. 4576	0. 4749	0. 4601	0. 3011
序号	4	18	20	23	19	14	7	13	35
项目	矿车供应/故障率	装岩设备型号	劳动组织形式	工人的技术水平	平行作业率	工人积极性	班组管理	单班人数	—
关联度	0. 6326	0. 432	0. 4659	0. 3663	0. 3595	0. 3595	0. 3908	0. 3884	
序号	1	16	11	29	31	32	25	26	

表 4-8 指标的关联度分析（山西）

项目	巷道埋深	涌淋水	工作面温度	顶板管理难易	裂隙节理发育	岩石的坚固性系数	掘进断面大小	炮孔深度	凿岩孔数
关联度	0. 3234	0. 4001	0. 3218	0. 3367	0. 4521	0. 4465	0. 3550	0. 4177	0. 4256
序号	33	20	34	31	14	12	25	18	16
项目	钻孔机械及型号	炮孔直径	掏槽方式	周边孔间距	爆破作业方式	炸药类型	堵塞质量	装药结构	单耗
关联度	0. 4289	0. 3345	0. 576	0. 4521	0. 5485	0. 3476	0. 4491	0. 5275	0. 4351
序号	15	32	1	10	5	30	11	7	14
项目	超欠挖	锚杆长度	锚杆间排距	钻孔设备	喷浆厚度	喷浆设备	支护工艺	出矸机械组合	矸石块度
关联度	0. 5461	0. 3567	0. 4207	0. 3490	0. 5168	0. 3602	0. 3489	0. 3703	0. 3203
序号	6	24	17	28	8	23	29	22	35
项目	矿车供应/故障率	装岩设备型号	劳动组织形式	工人的技术水平	平行作业率	工人积极性	班组管理	单班人数	—
关联度	0. 564	0. 3507	0. 3525	0. 3956	0. 554	0. 549	0. 4065	0. 4709	
序号	2	27	26	21	3	4	19	9	

4. 4 基于BP网络的钻爆法岩巷月进尺预测模型的建立

通过上节的分析，在初步确定岩巷掘进进尺预测输入指标体系的基础上，利用灰色关联度分析把各个矿区的关联度不大的因素剔除掉，使得输入的工程特征因素指标更能代表岩巷的特点。最后确定了岩巷的进尺预测输入指标后，下面就进行基于BP神经网络的月进尺预测模型。

4.4.1 网络拓扑结构的确定

（1）一个BP神经网络包括输入层、输出层和隐含层，一个BP神经网络模型的建立，就是要确定其输入层、输出层和隐含层。根据G. Cybeny等人的证明，具有一个隐含层的BP神经网络，只要隐含层的节点足够多，就能以任意精度逼近有界区域上的任意连续函数。因此，本书中所建立的BP神经网络模型设置一个隐含层，如图4-4所示。

1）输入层的确定。以前文确定的影响岩巷月进尺的特征因素指标为输入指标，确定神经元个数。

2）隐含层的确定。隐含层神经元的作用是从样本中提取并存储其内在规律，每个隐含层神经元有若干个权值，而每个权值都是增强网络映射能力的一个参数。隐含层神经元的数量太少，网络从样本中获取信息的能力就差，不足以概括和体现训练样本中的规律；隐含层神经元的数量过多，又可能把样本中非规律性的内容也学会记牢，从而出现所谓“过度吻合”问题，反而降低网络的泛化能力。因此，隐含层神经元的数量取决于训练样本的个数、样本噪声的大小以及样本中蕴涵规律的复杂程度。根据 Kolmogolov 定理，隐含层单元个数取值为 $2m+1$（m 为输入数据个数）。

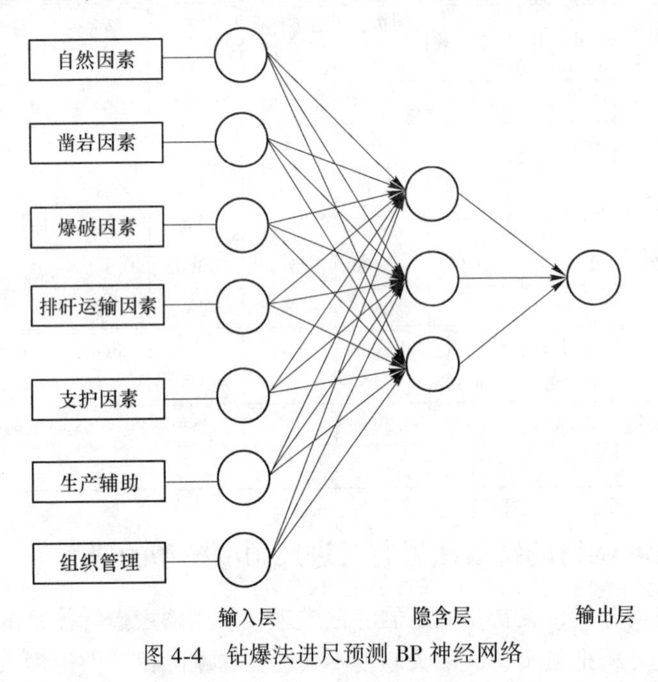

图 4-4 钻爆法进尺预测 BP 神经网络

3）输出层的确定。模型建立的目的是估算岩巷月进尺，为岩巷掘进施工的决策和计划打好基础，因此，此模型输出层的神经元只有一个，即岩巷的月进尺。

（2）激活函数以及初始权值的确定。BP 神经网络模型中的激活函数 f 通常取可微的单调递增函数，在本书中，BP 神经网络模型的中间层神经元传递函数都采用 sigmoid 型对数函数 logsig，选 sigmoid 函数的优点是任何数据的输入都可以转化成为（0，+1）之间的数，而最后一层神经元的传递函数都采用 purelin 型函数。

对 BP 神经网络而言，网络的初始权值不同，每次训练的结果也不同，这是由于误差曲面的局部最小点非常多造成的。通常情况下，初始值一般采用随机函数（-1，1）之间的随机数。

（3）样本的规范化预处理。为了对样本数据进行统一整理，并使估算的结果更加合理可信，在将实际工程数据作为样本对神经网络进行训练前，因为数据之间的数值大小相差较大，这样就容易使得网络训练的难度加大，精度降低。为了消除变量之间存在的刚量影响，应对变量进行归一化变换。样本数据经过预处理之后才能够被模型所用，并充分发挥模型的性能。

在确定了影响岩巷掘进月进尺的主要工程特征后，将这些工程特征作为BP神经网络的输入向量。但由于各个向量代表不同的物理量，因此，它们的取值范围和类型都不相同，一般有两种表现形式：一种是用文字定性描述来表示的，像涌淋水的大小、裂隙节理的发育情况等；另一种是以数值来表示的，像巷道埋深、断面大小、炮孔深度、锚杆长度等，它们的值都是以工程实际数据来表示。在这些变量中，用文字描述表示的变量是不能直接输入神经网络的，需要先对其进行量化处理；数值形式的变量尽管不需要量化，但有时数量值会相差很大，使得大的变量值的波动垄断了神经网络的学习过程，小的变量值的变化不能得到反映，使得估算的结果不准确，所以要将其归一到［0，1］或者［-1，0］之间，这样网络所有的权值都在一个不太大的范围之内，从而减轻网络训练时的难度，使样本训练的初始就给各输入分量的地位相同。这样，预处理后的数据可以被神经网络更容易训练和学习。根据不同的变量，分别采用以下两种预处理方法：

1）数值型变量。本书中归一化的方法采用MATLAB语言中的mapminmax函数所使用的方法，其原理即：

$$T = T_{\min} + \frac{T_{\max} - T_{\min}}{X_{\max} - X_{\min}}(X - X_{\min})$$

$$X = X_{\min} + \frac{X_{\max} - X_{\min}}{T_{\max} - T_{\min}}(T - T_{\min})$$

式中，X为原始数据；$X_{\max}$、$X_{\min}$为原始数据的最大值和最小值；T为目标数据；$T_{\max}$、$T_{\min}$为目标数据的最大值和最小值，分别取0.8和0.2。

2）文字型变量。因为这种变量是不能直接输入到神经网络的，需先对其进行量化，本书采用不同的自然数来表示，但这些数值并没有实际的意义，不是数值越大表示的对掘进进尺影响就越高，数值越小表示对进尺影响就越低，这些数值只是代替文字对其的一种表示形式。量化标准参见表4-2，量化后还要对这些量化的数据进行归一化处理，方法同数值型变量。

4.4.2 月进尺预算详细过程

4.4.2.1 样本的选取

本文以岩巷掘进“月进尺”预测为例，通过对针对不同的地区和矿区的岩巷的施工方法、技术、组织管理等历史数据的收集、整理，得到了不同工程特征的数据作为样本数据。以安徽淮南矿区为例，为说明问题，简化计算，从收集资料中选取32个典型工程汇总（其中第29~32个工程数据作为检验样本，第1~28个工程数据作为学习样本）。

根据统计资料分别对工程特征进行赋值量化，最终赋值结果见表4-9。

表4-9 样本赋值量化

涌淋水	顶板管理难易	裂隙节理发育	岩石的坚固性系数	断面大小/m^2	炮孔深度	凿岩孔数	钻孔机械及型号	掏槽方式	周边孔间距	爆破作业方式	炸药类型	堵塞质量	装药结构	单耗
1	1	2	5	15.70	2.2	90	36	1	350	1	1	1	1	1.45
2	1	2	5	16.10	2.5	84	36	1	350	1	1	2	1	1.04
2	1	3	5	19.76	2.2	89	36	1	350	1	1	3	1	1.11
1	1	2	5	21.90	2.2	98	37	1	350	2	1	1	1	1.45
2	1	2	6	21.27	2.2	95	34	1	300	2	1	2	1	1.07
2	1	3	6	21.27	2.0	95	34	1	300	2	1	3	1	1.17
1	2	2	7	23.70	1.6	94	37	1	300	2	1	1	1	1.53
2	2	2	6	22.00	1.8	94	37	1	300	2	1	2	1	1.41
1	2	2	6	14.40	1.7	101	37	1	300	1	1	3	1	1.84
1	1	1	6	24.28	1.8	95	37	1	300	2	1	1	1	2.06
1	1	2	7	21.12	2.0	90	37	1	350	2	1	2	1	2.53
3	1	3	3	22.50	2.0	133	37	1	350	2	1	3	1	1.74
1	1	2	4	17.41	2.0	124	36	1	450	2	1	1	1	2.35
2	1	1	5	17.41	2.3	117	36	1	450	2	1	2	1	2.05
2	1	3	6	20.09	2.3	96	36	1	450	2	1	3	1	1.49
1	1	2	10	7.94	2.2	44	37	1	300	2	1	1	1	2.79
2	1	2	5	16.80	2.2	75	37	1	350	3	1	2	1	3.52
1	1	3	5	21.90	2.2	89	37	1	300	2	1	3	1	0.75
1	1	1	4	9.84	2.2	46	37	1	320	1	1	1	1	2.51
2	1	2	6	21.43	2.4	104	37	1	500	2	1	2	1	1.70
1	1	1	6	21.00	1.8	98	36	1	300	3	1	3	1	3.15
1	1	1	6	9.41	2.0	50	36	1	350	1	1	1	2	3.74
2	1	2	7	19.19	2.2	119	36	1	300	3	1	2	1	2.72
2	1	3	5	21.50	2.2	95	40	1	350	3	1	3	1	2.22
1	1	3	6	17.03	2.2	114	40	1	350	3	1	1	1	2.59
2	2	1	5	17.98	2.2	105	36	1	500	2	1	2	1	1.52
1	1	3	8	14.81	2.3	97	34	1	400	2	1	3	1	2.99
2	1	2	5	15.77	2.2	68	36	1	300	2	1	2	1	2.16
2	1	3	9	11.65	2.0	76	36	1	350	2	1	2	1	2.12
2	1	3	5	25.46	2.2	95	37	1	300	2	1	3	1	1.68
1	1	2	8	21.87	2.2	82	37	1	300	2	1	1	1	1.38
1	1	1	7	14.29	2.0	70	37	1	350	2	1	1	1	2.01

续表 4-9

超欠挖	锚杆长度	钻孔设备	喷浆厚度	喷浆设备	支护工艺	出矸机械组合	矿车供应/故障率	装岩设备型号	劳动组织形式	工人的技术水平	平行作业率	工人积极性	班组管理	单班人数	平均月进尺/m
150	2.4	6	150	1	1	1	3	95	11	1	1	2	2	18	100
100	2.4	6	150	1	1	1	3	95	11	1	1	1	2	18	100
150	2.4	5	150	1	1	1	3	95	11	1	1	1	1	17	120
200	2.4	5	100	1	1	1	2	95	11	3	3	3	1	15	80
100	2.4	5	100	3	1	1	2	95	11	3	3	3	2	18	85
200	2.5	1	100	2	1	2	2	95	11	2	2	2	3	14	85
150	2.5	7	100	1	1	2	1	95	11	2	2	2	1	22	60
200	2.5	7	100	1	1	2	3	70	11	2	2	2	2	20	95
50	2.5	4	50	1	1	2	3	70	11	1	1	1	1	14	140
150	2.0	4	150	1	1	2	3	95	11	2	2	2	1	16	90
200	2.2	4	150	1	1	1	2	95	11	2	2	2	2	16	75
150	2.2	4	100	1	1	2	3	95	11	1	1	1	3	15	75
300	2.5	4	100	4	1	1	2	95	11	1	1	1	1	13	75
300	2.5	4	100	4	1	1	2	95	11	1	1	1	2	16	80
300	2.5	4	100	4	1	1	2	95	11	1	1	1	3	16	80
100	2.0	4	100	4	1	1	2	70	11	2	2	2	1	20	80
100	2.2	4	100	4	1	1	2	95	11	2	2	2	2	15	90
200	2.6	3	100	1	1	1	2	95	11	3	3	3	3	25	80
200	2.0	4	150	1	1	1	3	70	11	1	1	1	1	15	140
200	2.2	8	150	2	1	1	2	70	11	1	1	1	2	19	85
100	2.2	4	100	1	2	1	1	70	11	3	3	3	3	15	50
200	2.2	4	100	1	2	2	3	70	11	1	1	1	1	17	120
270	2.2	4	100	1	2	2	1	95	11	1	1	1	3	12	60
100	2.5	8	120	6	1	2	2	95	11	2	2	2	2	16	90
200	2.5	8	120	5	2	1	2	95	11	1	1	1	2	22	80
100	2.5	4	100	1	2	2	2	95	11	1	1	1	2	13	75
200	2.2	8	100	1	1	2	3	95	11	1	1	1	3	17	100
200	2.2	8	100	2	1	2	1	95	11	2	2	2	2	15	75
250	2.2	4	100	1	2	3	2	70	11	2	2	2	2	13	85
200	2.5	8	100	2	2	1	1	95	11	3	3	3	3	15	65
200	2.5	8	100	2	1	1	1	95	11	2	2	2	2	15	75
300	2.2	8	100	1	2	1	3	70	11	1	1	1	1	12	90

4.4.2.2 建立进尺估算模型

本模型采用三层BP网络模型，选择sigmoid函数为节点输出函数，模型的输入单元为30个：涌淋水、顶板管理难易、裂隙节理发育、岩石的坚固性系数、断面大小、炮孔深度、凿岩孔数、钻孔机械及型号、掏槽方式、周边孔间距、爆破作业方式、炸药类型、堵塞质量、装药结构、单耗等30个指标为输入指标，分别用I_1~I_{30}表示，如表4-10所示。模型输出单元一个，单位为m/月，用O表示。隐层单元为2×30+1=61个。初始权值是（-1，1）之间的随机数。

表4-10 归一化的输入样本

I_1	I_2	I_3	I_4	I_5	I_6	I_7	I_8	I_9	I_{10}
0.2000	0.2000	0.5000	0.5429	0.4849	0.6000	0.5101	0.4000	0.8000	0.3500
0.5000	0.2000	0.5000	0.5429	0.4996	0.8000	0.4697	0.4000	0.8000	0.3500
0.5000	0.2000	0.8000	0.5429	0.6340	0.6000	0.5034	0.4000	0.8000	0.3500
0.2000	0.2000	0.5000	0.5429	0.7126	0.6000	0.5640	0.5000	0.8000	0.3500
0.5000	0.2000	0.5000	0.6286	0.6895	0.6000	0.5438	0.2000	0.8000	0.2000
0.5000	0.2000	0.8000	0.6286	0.6895	0.4667	0.5438	0.2000	0.8000	0.2000
0.2000	0.8000	0.5000	0.7143	0.7787	0.2000	0.5371	0.5000	0.8000	0.2000
0.2000	0.2000	0.2000	0.7143	0.4332	0.4667	0.3753	0.5000	0.8000	0.3500
0.5000	0.8000	0.5000	0.6286	0.7163	0.3333	0.5371	0.5000	0.8000	0.2000
0.2000	0.8000	0.5000	0.6286	0.4372	0.2667	0.5843	0.5000	0.8000	0.2000
0.2000	0.2000	0.2000	0.6286	0.8000	0.3333	0.5438	0.5000	0.8000	0.2000
0.2000	0.2000	0.5000	0.7143	0.6840	0.4667	0.5101	0.5000	0.8000	0.3500
0.8000	0.2000	0.8000	0.3714	0.7346	0.4667	0.8000	0.5000	0.8000	0.3500
0.2000	0.2000	0.5000	0.4571	0.5477	0.4667	0.7393	0.4000	0.8000	0.6500
0.5000	0.2000	0.2000	0.5429	0.5477	0.6667	0.6921	0.4000	0.8000	0.6500
0.5000	0.2000	0.8000	0.6286	0.6461	0.6667	0.5506	0.4000	0.8000	0.6500
0.2000	0.2000	0.5000	0.2000	0.2000	0.6000	0.2000	0.5000	0.8000	0.2000
0.5000	0.2000	0.5000	0.5429	0.5253	0.6000	0.4090	0.5000	0.8000	0.3500
0.2000	0.2000	0.8000	0.5429	0.7126	0.6000	0.5034	0.5000	0.8000	0.2000
0.2000	0.2000	0.2000	0.4571	0.2698	0.6000	0.2135	0.5000	0.8000	0.2600
0.5000	0.2000	0.5000	0.6286	0.6953	0.7333	0.6045	0.5000	0.8000	0.8000
0.2000	0.2000	0.2000	0.6286	0.6796	0.3333	0.5640	0.4000	0.8000	0.2000
0.2000	0.2000	0.2000	0.6286	0.2540	0.4667	0.2404	0.4000	0.8000	0.3500
0.5000	0.2000	0.5000	0.7143	0.6131	0.6000	0.7056	0.4000	0.8000	0.2000
0.5000	0.2000	0.8000	0.5429	0.6979	0.6000	0.5438	0.8000	0.8000	0.3500
0.2000	0.2000	0.8000	0.6286	0.5338	0.6000	0.6719	0.8000	0.8000	0.3500
0.5000	0.8000	0.2000	0.5429	0.5687	0.6000	0.6112	0.4000	0.8000	0.8000
0.2000	0.2000	0.5000	0.8000	0.7115	0.6000	0.4562	0.5000	0.8000	0.2000

续表 4-10

I_1	I_2	I_3	I_4	I_5	I_6	I_7	I_8	I_9	I_{10}
0. 5000	0. 2000	0. 8000	0. 8000	0. 3271	0. 4667	0. 4157	0. 4000	0. 8000	0. 3500
0. 5000	0. 2000	0. 8000	0. 5000	0. 8000	0. 6000	0. 5438	0. 5000	0. 8000	0. 2000
0. 5000	0. 2000	0. 5000	0. 5000	0. 4682	0. 6000	0. 3618	0. 4000	0. 8000	0. 2000
0. 2000	0. 2000	0. 8000	0. 7250	0. 4353	0. 6667	0. 5573	0. 2000	0. 8000	0. 5000
I_{11}	I_{12}	I_{13}	I_{14}	I_{15}	I_{16}	I_{17}	I_{18}	I_{19}	I_{20}
0. 2	0. 8	0. 2	0. 2	0. 3405	0. 44	0. 6	0. 6286	0. 8	0. 2
0. 2	0. 8	0. 5	0. 2	0. 2582	0. 32	0. 6	0. 6286	0. 8	0. 2
0. 2	0. 8	0. 8	0. 2	0. 2722	0. 44	0. 6	0. 5429	0. 8	0. 2
0. 5	0. 8	0. 2	0. 2	0. 3405	0. 56	0. 6	0. 5429	0. 5	0. 2
0. 5	0. 8	0. 5	0. 2	0. 2642	0. 32	0. 6	0. 5429	0. 5	0. 44
0. 5	0. 8	0. 8	0. 2	0. 2843	0. 56	0. 7	0. 2	0. 5	0. 32
0. 5	0. 8	0. 2	0. 2	0. 3565	0. 44	0. 7	0. 7143	0. 5	0. 2
0. 5	0. 8	0. 2	0. 2	0. 4528	0. 56	0. 7	0. 7143	0. 5	0. 2
0. 5	0. 8	0. 5	0. 2	0. 3324	0. 2	0. 7	0. 4571	0. 2	0. 2
0. 2	0. 8	0. 8	0. 2	0. 4187	0. 44	0. 2	0. 4571	0. 8	0. 2
0. 5	0. 8	0. 2	0. 2	0. 4629	0. 56	0. 4	0. 4571	0. 8	0. 2
0. 5	0. 8	0. 5	0. 2	0. 5572	0. 44	0. 4	0. 4571	0. 5	0. 2
0. 5	0. 8	0. 8	0. 2	0. 3987	0. 8	0. 7	0. 4571	0. 5	0. 56
0. 5	0. 8	0. 2	0. 2	0. 5211	0. 8	0. 7	0. 4571	0. 5	0. 56
0. 5	0. 8	0. 5	0. 2	0. 4609	0. 8	0. 7	0. 4571	0. 5	0. 56
0. 5	0. 8	0. 8	0. 2	0. 3485	0. 32	0. 2	0. 4571	0. 5	0. 56
0. 5	0. 8	0. 2	0. 2	0. 6094	0. 32	0. 4	0. 4571	0. 5	0. 56
0. 8	0. 8	0. 5	0. 2	0. 7559	0. 56	0. 8	0. 3714	0. 5	0. 2
0. 5	0. 8	0. 8	0. 2	0. 2	0. 56	0. 2	0. 4571	0. 8	0. 2
0. 2	0. 8	0. 2	0. 2	0. 5532	0. 56	0. 4	0. 8	0. 8	0. 32
0. 5	0. 8	0. 5	0. 2	0. 3906	0. 32	0. 4	0. 4571	0. 5	0. 2
0. 8	0. 8	0. 8	0. 2	0. 6816	0. 56	0. 4	0. 4571	0. 5	0. 2
0. 2	0. 8	0. 2	0. 8	0. 8	0. 728	0. 4	0. 4571	0. 5	0. 2
0. 8	0. 8	0. 5	0. 2	0. 5953	0. 32	0. 7	0. 8	0. 62	0. 8
0. 8	0. 8	0. 8	0. 2	0. 495	0. 56	0. 7	0. 8	0. 62	0. 68
0. 8	0. 8	0. 2	0. 2	0. 5692	0. 32	0. 7	0. 4571	0. 5	0. 2
0. 5	0. 8	0. 5	0. 2	0. 3545	0. 56	0. 4	0. 8	0. 5	0. 2
0. 5	0. 8	0. 2	0. 2	0. 3264	0. 56	0. 7	0. 8	0. 5	0. 32
0. 5	0. 8	0. 5	0. 2	0. 4749	0. 68	0. 4	0. 4571	0. 5	0. 2
0. 5	0. 8	0. 8	0. 2	0. 3866	0. 56	0. 7	0. 8	0. 5	0. 32
0. 5	0. 8	0. 5	0. 2	0. 4829	0. 56	0. 4	0. 8	0. 5	0. 32
0. 5	0. 8	0. 8	0. 2	0. 6495	0. 8	0. 4	0. 8	0. 5	0. 2

续表 4-10

I_{21}	I_{22}	I_{23}	I_{24}	I_{25}	I_{26}	I_{27}	I_{28}	I_{29}	I_{30}
0. 2000	0. 2000	0. 8000	0. 8000	0. 8000	0. 2000	0. 2000	0. 5000	0. 5000	0. 5600
0. 2000	0. 2000	0. 8000	0. 8000	0. 8000	0. 2000	0. 2000	0. 2000	0. 5000	0. 5600
0. 2000	0. 2000	0. 8000	0. 8000	0. 8000	0. 2000	0. 2000	0. 2000	0. 2000	0. 5000
0. 2000	0. 2000	0. 5000	0. 8000	0. 8000	0. 8000	0. 8000	0. 8000	0. 2000	0. 3800
0. 2000	0. 2000	0. 5000	0. 8000	0. 8000	0. 8000	0. 8000	0. 8000	0. 5000	0. 5600
0. 2000	0. 8000	0. 5000	0. 8000	0. 8000	0. 5000	0. 5000	0. 5000	0. 8000	0. 3200
0. 2000	0. 8000	0. 2000	0. 8000	0. 8000	0. 5000	0. 5000	0. 5000	0. 2000	0. 8000
0. 2000	0. 8000	0. 8000	0. 2000	0. 8000	0. 5000	0. 5000	0. 5000	0. 5000	0. 6800
0. 2000	0. 8000	0. 8000	0. 2000	0. 8000	0. 2000	0. 2000	0. 2000	0. 2000	0. 3200
0. 2000	0. 8000	0. 8000	0. 8000	0. 8000	0. 5000	0. 5000	0. 5000	0. 2000	0. 4400
0. 2000	0. 2000	0. 5000	0. 8000	0. 8000	0. 5000	0. 5000	0. 5000	0. 5000	0. 4400
0. 2000	0. 8000	0. 8000	0. 8000	0. 8000	0. 2000	0. 2000	0. 2000	0. 8000	0. 3800
0. 2000	0. 2000	0. 5000	0. 8000	0. 8000	0. 2000	0. 2000	0. 2000	0. 2000	0. 2600
0. 2000	0. 2000	0. 5000	0. 8000	0. 8000	0. 2000	0. 2000	0. 2000	0. 5000	0. 4400
0. 2000	0. 2000	0. 5000	0. 8000	0. 8000	0. 2000	0. 2000	0. 2000	0. 8000	0. 4400
0. 2000	0. 2000	0. 5000	0. 2000	0. 8000	0. 5000	0. 5000	0. 5000	0. 2000	0. 6800
0. 2000	0. 2000	0. 5000	0. 8000	0. 8000	0. 5000	0. 5000	0. 5000	0. 5000	0. 3800
0. 2000	0. 2000	0. 5000	0. 8000	0. 8000	0. 8000	0. 8000	0. 8000	0. 5000	0. 3800
0. 2000	0. 2000	0. 8000	0. 2000	0. 8000	0. 2000	0. 2000	0. 2000	0. 2000	0. 3800
0. 2000	0. 2000	0. 5000	0. 2000	0. 8000	0. 2000	0. 2000	0. 2000	0. 5000	0. 6200
0. 8000	0. 2000	0. 2000	0. 2000	0. 8000	0. 8000	0. 8000	0. 8000	0. 8000	0. 3800
0. 8000	0. 8000	0. 8000	0. 2000	0. 8000	0. 2000	0. 2000	0. 2000	0. 2000	0. 5000
0. 8000	0. 8000	0. 2000	0. 8000	0. 8000	0. 2000	0. 2000	0. 2000	0. 8000	0. 2000
0. 2000	0. 8000	0. 5000	0. 8000	0. 8000	0. 5000	0. 5000	0. 5000	0. 5000	0. 4400
0. 8000	0. 2000	0. 5000	0. 8000	0. 8000	0. 2000	0. 2000	0. 2000	0. 5000	0. 8000
0. 8000	0. 8000	0. 5000	0. 8000	0. 8000	0. 2000	0. 2000	0. 2000	0. 5000	0. 2600
0. 2000	0. 8000	0. 8000	0. 8000	0. 8000	0. 2000	0. 2000	0. 2000	0. 8000	0. 5000
0. 2000	0. 2000	0. 2000	0. 8000	0. 8000	0. 5000	0. 5000	0. 5000	0. 5000	0. 3800
0. 8000	0. 8000	0. 5000	0. 2000	0. 8000	0. 5000	0. 5000	0. 5000	0. 5000	0. 2600
0. 8000	0. 2000	0. 2000	0. 8000	0. 8000	0. 8000	0. 8000	0. 8000	0. 8000	0. 3800
0. 2000	0. 5000	0. 2000	0. 8000	0. 8000	0. 5000	0. 5000	0. 5000	0. 5000	0. 3800
0. 8000	0. 2000	0. 8000	0. 2000	0. 8000	0. 2000	0. 2000	0. 2000	0. 2000	0. 2000

根据输入-输出映射复杂程度，共收集淮南矿区经典巷道训练样本28个，测试样本4个，用matlab r2008提供的BP网络函数构建模型，构建BP网络主要过程如下：

（1）将输出样本标准化，方法为：$b1 = T_{min} + (T_{max} - T_{min}) * (b(:,31) - min(b$

(:,31)))/(max(b(:,31))-min(b(:,31)))
其中，b（:，31）代表输入训练样本矩阵中岩巷月进尺的值。

（2）构建BP网络，输入参数为30个输入单元，61个隐层单元，1个输出单元，其余为默认值。

（3）BP网络的训练与测试。

1）BP网络的训练。对于前面设计的BP网络，必须对其进行训练，只有训练后的网络才能满足实际应用的需要，BP网络训练流程如图4-5所示。

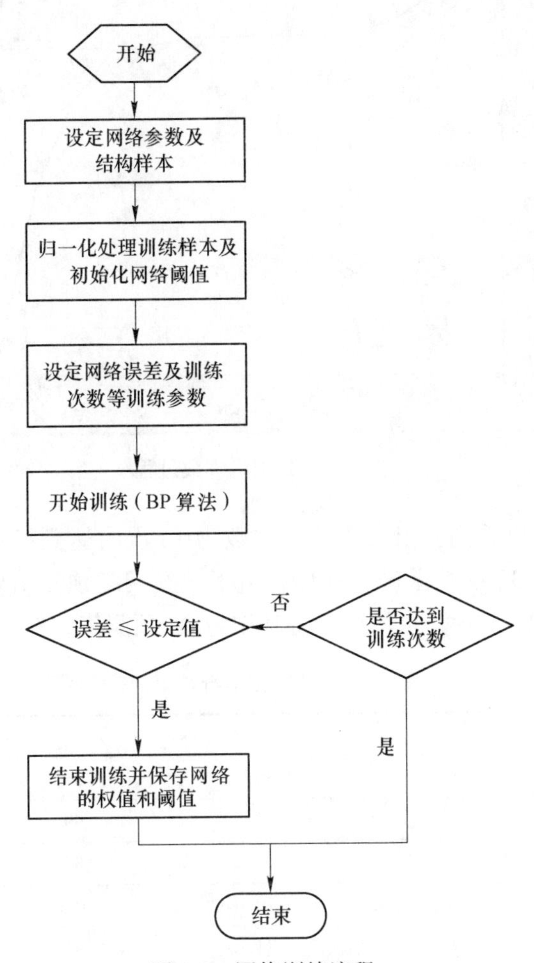

图4-5 网络训练流程

2）BP网络训练过程。样本训练过程如图4-6所示，可以明显地看出曲线的收敛过程。在模型训练中，网络的训练精度主要通过调节sigmoid参数、动量因子、学习速率来提高。其参数如下所示：

网络的最大训练次数=10000；

网络的预期误差 = 1.00e−15；

学习速率 = 0.1；

动量因子 = 0.6；

sigmoid = 0.9。

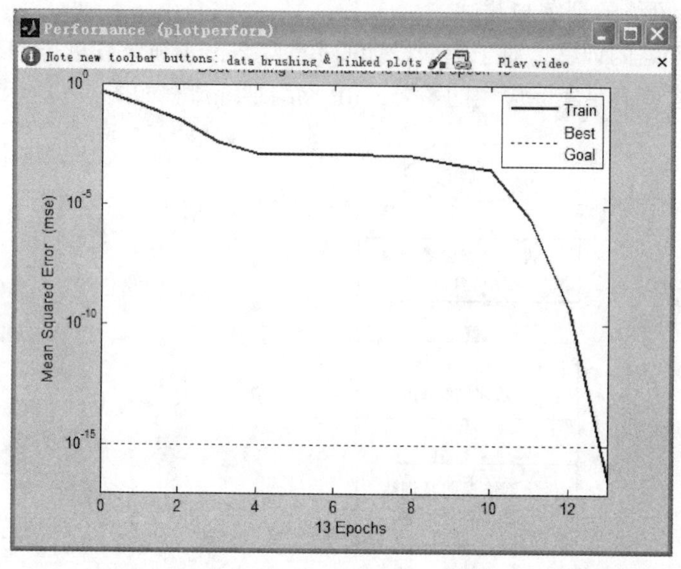

图 4-6　BP 网络收敛过程

通过图 4-6 可以看到，当训练迭代次数为 13 次时达到精度设计值。用收敛后的网络对第 29~32 组数据进行预测，由于神经网络预测结果不唯一，将其运行 20 次，如表 4-11 所示，求均值后将其作为 O_1 预测值。

表 4-11　BP 网络运行结果列表

次数	样本序号			
	29	30	31	32
1	95	83	99	114
2	90	76	85	90
3	73	79	108	119
4	88	84	90	89
5	81	83	93	107
6	97	80	88	105
7	83	84	105	116
8	89	70	98	125
9	79	78	90	99

续表 4-11

次数	样本序号			
	29	30	31	32
10	92	79	89	110
11	109	83	98	87
12	83	81	91	102
13	87	83	99	107
14	104	80	97	94
15	80	79	90	97
16	81	85	85	116
17	76	78	98	106
18	84	100	87	94
19	77	87	91	120
20	85	82	99	109
平均	95	83	99	114

3）预测结果分析。将运行并平均后的预测值与实际值进行比较，同时对原先的 35 个输入指标进行了检验，比较结果见表 4-12。

表 4-12 预测结果分析

样本序号	29	30	31	32
预测值（35 个输入）	91	98	74	86
实际值/m	80	89	86	98
相对误差	13.75%	10.11%	-13.95%	13.27%
预测值（30 个输入）	84	95	79	110
实际值/m	80	89	86	98
相对误差	8.31%	-8.20%	9.30%	7.45%

我们可以得到如下结果：

① 尽管构建的 BP 网络每次给出的预测各不相同，具有一定随机性，但多次运算之后，通过求均值可以极大消除这种随机性。从表 4-12 可见，求均值之后的预测值与实际值相对误差较小，能够满足月进尺预测精度要求（参考投资估算的精度不大于±10%）。

② 从表 4-12 可以看出，不论是采用 30 个或 35 个输入向量，预测结果的分布是在实际值附近，说明我们网络模型和网络训练是合适的，能够进行岩巷月进尺预测。

③ 当采用 35 个输入特征向量时，预测的误差要高于采用 30 个输入特征向量时的误差，说明我们采用灰色关联对输入向量的甄选是合适的，能够提高 BP 神经网络的预测精度，能更好地为岩巷快掘施工决策服务，有利用于提高施工计划的准确性。

④ 同理，淮北矿区、山东矿区、河北矿区、山西各个矿区只要在决策计划阶段收集足够的类似工程资料，通过关联度分析准确选取工程特征作为模型输入指标，应用模型可以较快得出岩巷快掘的预计月进尺，为煤矿决策者提供决策依据，同时为煤矿的计划编制提供参考。

5 岩巷快掘施工综合评价及经济效益分析研究

5.1 岩巷快掘施工的动力机制

煤矿岩巷实行快速掘进的目的就是为了解决生产的问题，因为巷道的掘进速度直接影响了煤的开采时间。对新建矿井而言，由于巷道掘进速度达不到要求，直接耽误了整个矿井的出煤时间，导致矿井建设投资的回收时间延后，增加了煤矿的建井成本和财务压力，对煤矿的整个经济效益产生严重的影响，造成重大经济损失；对生产矿井来说，有时由于准备巷道不能按时就绪，影响了工作面的及时接替，导致矿井的产量降低，经济利益流失。所以钻爆法岩巷速度问题解决的好坏直接关系到煤矿经济效益的实现与否。尤其是近几年煤炭效益持续好转，煤矿的生产任务增大，生产接续任务压力较大，因此现阶段的条件对岩巷的掘进速度和掘进量提出了更高的要求。

煤炭快速掘进的施工不论如何分析，归根结底最后实行计划或方案的是一线的施工人员，施工人员的积极性是岩巷快速掘进能否推行下去的一个重要原因。如图5-1所示，一方面，煤矿企业进行岩巷的快速掘进是在煤炭市场景气好转、经济利益驱使下进行的，或者是煤炭企业生产接续的压力，或者是上级领导安排任务、煤矿年度掘进计划等外在条件的作用下进行的，对煤炭企业和施工人员来讲是外在客观的生存压力，对煤炭企业是被动的意愿，是间接动力，这些可以称为第一种动力。另一方面，快速掘进的施行是行业技术进步的结果，也是必然的趋势，现在市场经济的观念已经深入人心，工人的身心健康也日益得到重视，如果新技术、新装备、新工艺能够带来施工人员的薪酬提高、劳动条件改善，劳动强度降低，这些都可以说是煤炭企业工人的福利。福利高了，施工人员的积极性必然提高，这样，施工人员就会乐意接受新技术，而且积极去学习掌握新技术，这是内在的动力驱使，是企业施工人员主动的意愿，是内在动力。钻爆法速度的提高，第一动力是外因或者外在动力，第二动力是内因或内在动力。外在动力和内在动力相互作用，相互影响。外在动力通过内在动力发挥影响，又可以引导内在动力的方向，但是缺少内在动力，外在动力的作用会打折扣或者完全丧失作用。内在动力是在外在动力的基础上发生，是事物发展的核心。所以，正确处理好内在动力和外在动力是岩巷快速掘进发展的主要问题，在市场经济条件下，推广岩巷快速掘进技术，关键是让煤炭企业和企业员工能够确切感受到技术推广带来的福利，这样企业和施工人员才有动力积极去接受和应用新技术。这也是本书研究快速掘进的主要目的之一，应用快速掘进技术不仅仅带来的是施工进度的提高，更重要的是大量的附属效益的实现，使得推行岩巷快速掘进技术具有了重要的现实意义。

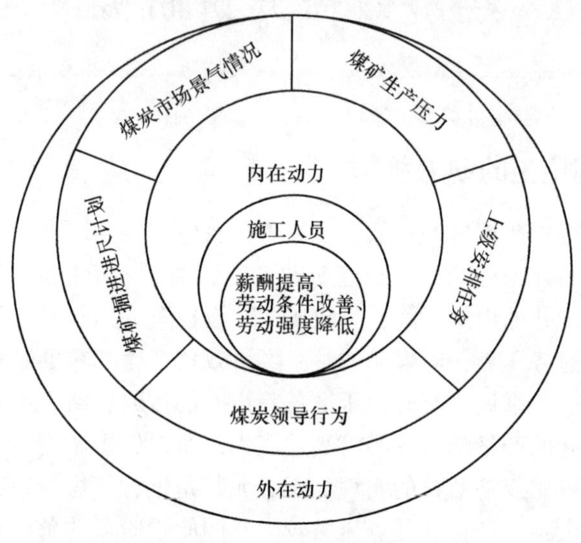

图 5-1　动力分析图

5.2　普掘与快掘的综合对比指标体系

普掘与快掘的对比分析重点之一是技术分析，评价方法论的一条基本原则是对比法则的应用，所以说，普掘与快掘的对比分析用的方法就是对比分析法，其主要包括前后对比、预测值和实际发生值的对比、有无对比等这些比较法。对比的目的是要找出技术方案之间的变化和差距，为施工效果的优化确定重点。

5.2.1　对比的方法

在一般情况下，技术活动的“前后对比”（before and after comparison）是指将新技术实施之前与新技术实施之后的情况加以对比，最后可以确定项目效果的一种方法。在岩巷掘进中，主要是对比岩巷快速掘进技术应用前后产生的变化以及分析产生这些变化的原因。

“有无对比”（with and without comparison）是指将技术应用后实际发生的情况与若无新技术应用可能发生的情况进行对比，以度量项目的真实效益、影响和作用。对比的重点是要分清新技术作用的影响与新技术以外作用的影响，这种对比用于项目的效益评价和影响评价，是技术综合评价的一个重要方法。“有”与“无”指的是评价的对象，即技术、装备等。评价是通过项目的实施所付出的资源代价与项目实施后产生的效果进行对比得出的技术应用的成功与否。

"有优对比"是在"有无对比"的基础上进行的，在同样的技术条件下，通过合理的组织安排，能够发挥人员、设备等的最大潜力，使得施工的效果发生改变，主要是指爆破效果、环境保护等方面的优势。

5.2.2 普掘与快掘对比分析评价指标

岩巷施工过程通常包括钻孔、爆破、支护、出渣、运输等几个环节，形成符合设计轮廓尺寸的巷道，进行必要支护，以控制巷道的围岩变形，保证巷道长期安全使用。岩巷快速掘进施工，是在普通掘进施工的基础上，通过采用新的爆破技术、支护技术及工艺、出渣工艺、完善的配套设施，以及更加科学的施工管理和劳动组织，实现岩巷的高效快速施工。快掘施工有其本身的适用条件，这是因为普通钻爆法在爆破效果等方面效果较差，但是对于快速掘进而言，往往对应的是较深的炮孔、很高的炮孔利用率，所以爆破后形成的空顶距就很大，如果顶板条件不好，很容易发生冒顶事故，给安全施工带来很大隐患。所以，本章所研究的问题的基本假设前提是岩巷的条件适合快速掘进施工的要求。

现阶段对煤炭建筑工程技术的评价往往只停留在对施工技术的经济方面的评价，这种评价方法是片面的，也不能准确地反映岩巷快掘技术的真实作用。要对岩巷快速掘进技术进行综合评价，就不仅仅包括经济效果评价，还应包括技术效果评价、工艺、组织管理、目标完成度等几个方面综合评价。只有这样才能使快速掘进技术的评价效果达到经济合理性、技术可行性、社会友好性的要求。而要取得快掘施工经济效果，首要任务就是弄清楚岩巷掘进费用的构成，只有弄清楚费用构成之后，在掘进技术对比分析得到的差异基础上，才能弄清楚施工差异导致经济效果差异的大小。

普通掘进和快速掘进的区别可以从表 5-1 中的几个方面来探讨。

表 5-1 普通掘进和快速掘进的区别

对比项目		岩巷普通掘进	岩巷快速掘进
技术	掏槽技术	楔形掏槽为主	楔直复合掏槽（2 个中心孔）
	起爆技术	分次（多次）起爆	全断面一次起爆
	支护技术	凭经验公式和实践调整	数值模拟科学计算
工艺	出矸工艺	迎头耙矸机非连续出矸，迎头经常有积矸	临时矸石仓能进行连续排矸
	支护工艺	一次支护	二次支护
装备	钻孔设备	数量少、陈旧	数量充足、设备较新
	出矸设备	出矸能力不足，配套设备跟不上	出矸能力经过科学选择、配套设备跟上
	支护设备	行业内基本相同	行业内基本相同

续表 5-1

对比项目		岩巷普通掘进	岩巷快速掘进
组织管理	施工组织	较少使用平行作业	大量平行作业
	管理	一般管理	激励管理
施工目标	工期	较长	较短
	质量	一般	较好
	成本	较高	低
	安全	事故率低	事故率低

（1）岩巷掘进的技术效果评价指标。岩巷掘进技术及工艺应用的好坏，关键得看技术工艺实施后取得的实际效果。爆破技术和支护技术，是影响巷道掘进速度和巷道施工质量的关键，爆破效果好坏影响矿石铲装、运输、破碎及矿山的经济效益，同时也反映了爆破设计参数的合理程度，对爆破技术和支护技术的效果评价，对确定合理的爆破方案、优化爆破参数和支护参数、降低爆破成本和支护成本等意义重大。

岩巷掘进采用的技术先进与否，主要还是看技术效果的好坏，所以岩巷掘进的技术评价指标是以最后的效果为指标确定的唯一标准。因此，对于爆破和支护技术分别对应的就是爆破效果和支护效果。对爆破效果而言，本书参考文献[75]~[78]给出的中深孔爆破效果的评价指标，加以改进后有单循环进尺、炮孔利用率，半孔痕率、单耗、块度、爆堆形状、爆破冲击波、震动危害、飞石、炮烟中毒；支护技术方面的评价指标，在支护的快速施工的基础上，保证支护的质量，主要通过支护参数优化、支护工艺改进。所以，岩巷掘进技术的评价指标可以见图 5-2。

（2）岩巷掘进的工艺评价指标。岩巷的施工工艺可以分为迎头掘进工艺、后路排矸工艺和支护工艺。迎头掘进工艺分为全断面爆破和台阶爆破工艺，现在，基本用得最多的就是全断面爆破工艺形成岩巷的雏形，经过支护工艺最终成型。对全断面爆破工艺，快速掘进技术要求是一次全断面爆破，最多也就是两次，而普通爆破，由于其爆破参数尤其是掏槽技术等不合理，为了获得进尺，一般都经过多次爆破成型。对于排矸工艺来讲，普通爆破一般都是在迎头爆破完毕之后，一部分矸石通过排出，另一部分矸石被耙到耙矸机与迎头之间的巷道中堆积，直到几个循环之后，对耙矸机而言距迎头一般不超过 25m，所以到达这个距离之后，岩巷内堆积的矸石必须全部清空，然后重新钉道铺轨。所以由于迎头不能连续出矸，导致迎头不能连续作业。对于支护作业，普通爆破基本是打满拱部锚杆，然后挂网喷浆，喷浆厚度基本能够达到设计要求，支护作业时间长。而如果进行二次支护作业，前提是经过科学计算和试验，第一次支护作业的工作量比

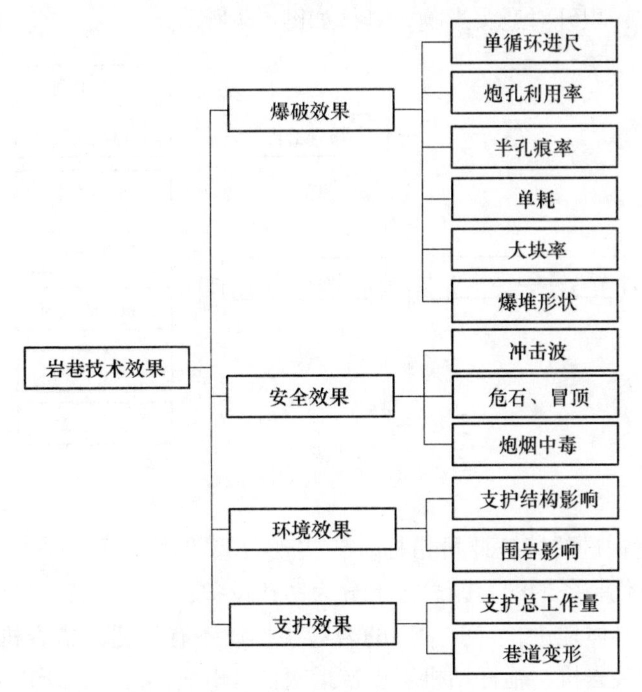

图 5-2 技术效果评价指标

普通支护作业量大大减少，剩余一半工作量将采用与迎头平行作业的方式完成，能够实现迎头的连续作业。二次支护工艺示意图如图 5-3 所示。

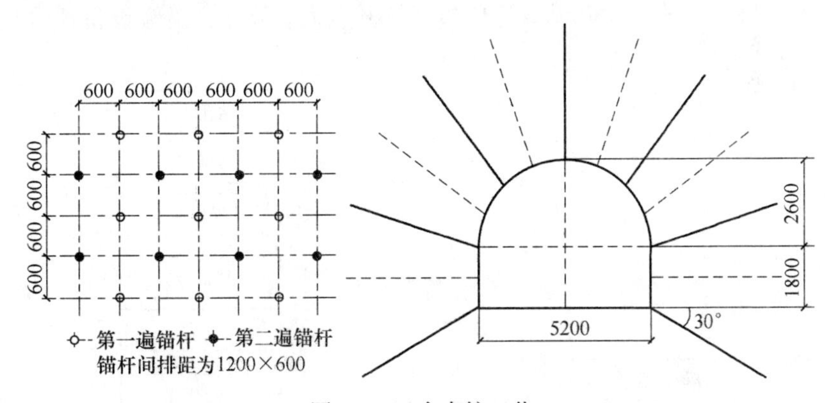

图 5-3 二次支护工艺

通过以上分析，岩巷施工工艺中，掘进工艺基本以全断面爆破施工为主，所以以全断面施工为研究出发点。对于全断面爆破工艺的效果评价中，评价指标主要有爆破次数、辅助作业（联线、通风等）次数、作业时间。对于支护工艺，主要是支护时间、支护工作量。对排矸工艺来讲，其工艺效果的评价指标主要有排矸的顺畅性、积矸对迎头影响。具体如图 5-4 所示。

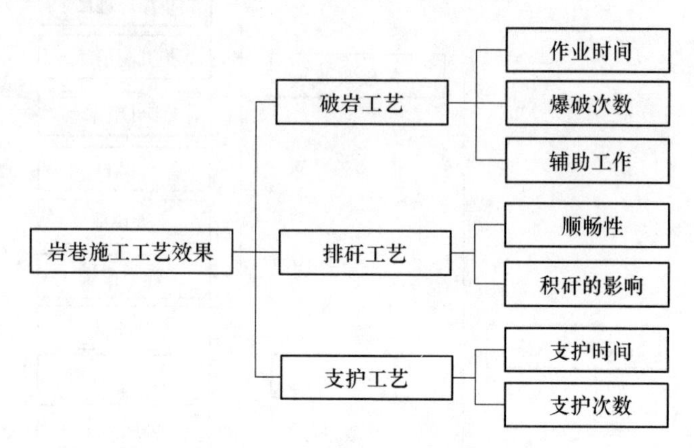

图 5-4　工艺效果评价指标

（3）岩巷掘进的装备评价指标。要实现岩巷的快速掘进施工，必须具备的条件就是机械化装备的配套，总体上分为钻孔设备、支护设备、排矸设备、运输设备四大类。具体地讲，目前常用的岩巷快掘设备有气腿式凿岩机、凿岩台车、耙矸机、侧卸装岩机、锚杆钻机、皮带运输机、电瓶矿车等，所以岩巷快速掘进的机械化装备配套就是他们的优化组合，常见的集中组合形式在第 2 章已经介绍过，在此不再做介绍。装备的评价指标可以分为各种装备类型的性能评价及组合性能评价。如钻孔设备评价包括钻孔速度、故障率、操作性，支护设备评价包括支护速度、操作性能，排矸设备评价包括排矸能力、故障，运输设备评价包括运输能力、故障，如图 5-5 所示。

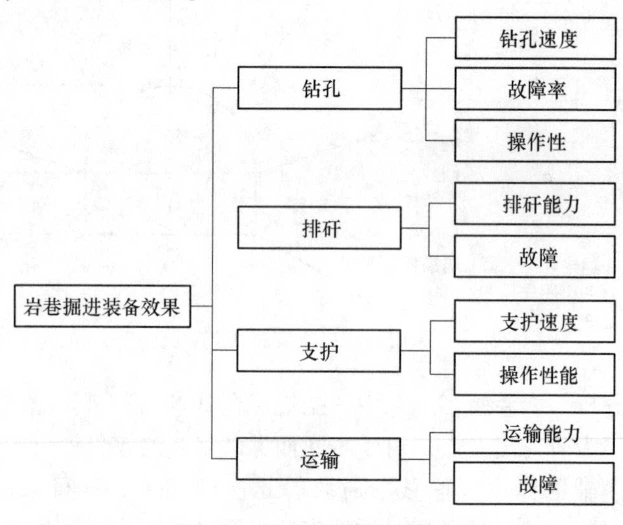

图 5-5　装备效果评价指标

（4）组织管理的评价指标。“科学技术是第一生产力”，组织管理是第一生产力得以发挥作用的重要保障。组织管理包括班组管理、管理制度等，在效果评价方面，班组管理包括施工人员的积极性、配合能力、技术熟练，管理制度包括执行力、适应性、激励性，具体如图 5-6 所示。

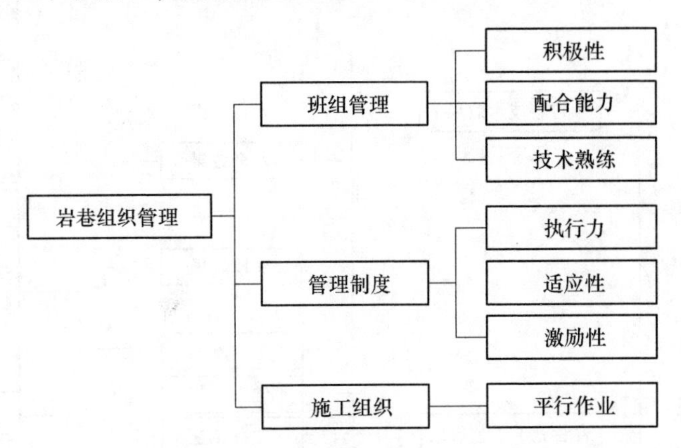

图 5-6　组织管理效果评价指标

（5）岩巷掘进施工目标的评价指标。岩巷掘进的目的是在投入一定的人力、物力、财力之后，产出一定符合质量要求和使用要求的巷道。一般的情况下，质量、进度、成本、安全是煤矿安全施工的四大目标。对于质量而言，其评价的指标为优良率、后续使用成本；对于进度来说，有月进尺、正规循环率；对于成本来讲，有造价节约额；对安全来讲，安全事故发生率是其主要的评价指标。安全事故发生率按照百米事故发生率为评判标准，具体指标如图 5-7 所示。

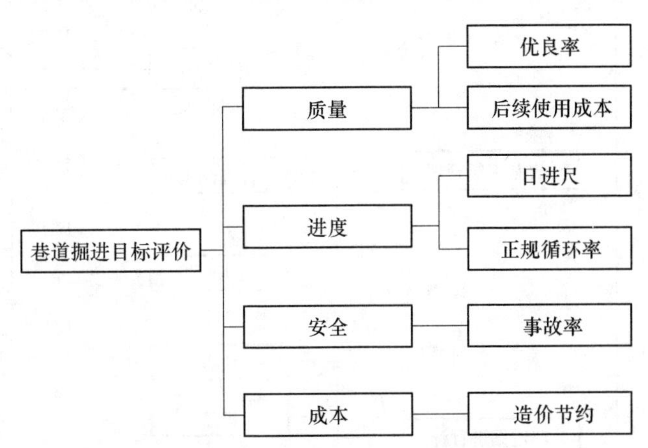

图 5-7　掘进目标效果评价指标

综上所述，根据全面性、突出重点、具有可比性、定性和定量相结合的原则，建立岩巷掘进评价指标体系，如图 5-8 所示。

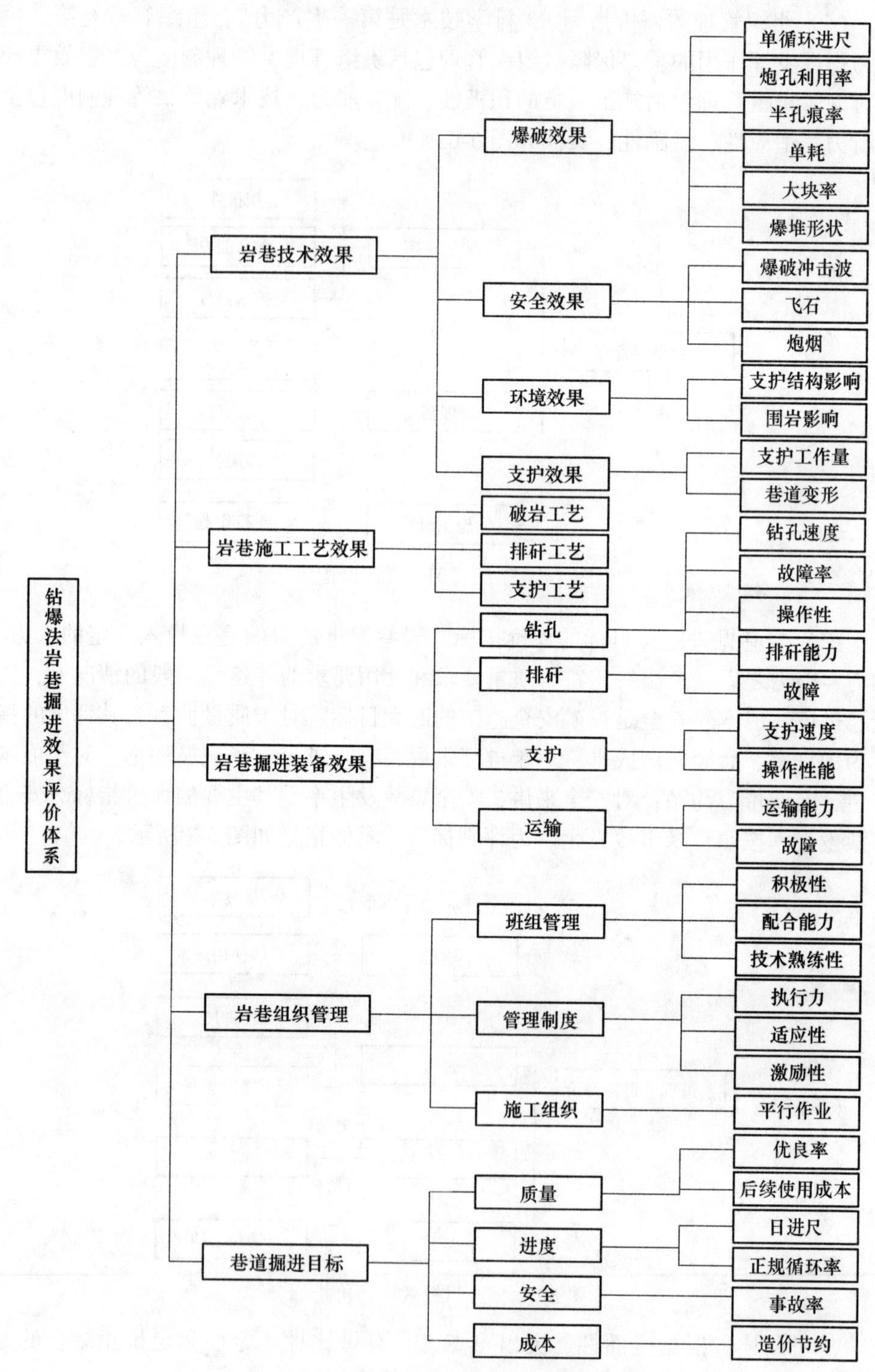

图 5-8 钻爆法岩巷掘进效果评价指标体系

5.3　基于 AHP-Fuzzy 的岩巷快掘施工综合评价模型

岩巷掘进系统是一个复杂的生产系统，影响岩巷施工效果的因素有很多，各个因素之间也存在随机性和模糊性，各因素的属性又可以分为不同的类型和层次，且因素之间互不独立，呈现灰色模糊特征。如果对于因素众多，并且具有不同层次的复杂系统，仅仅只是用简单的综合评判模型，是很难比较评价系统中各个因素之间的优劣顺序，从而得不出有意义的结果。所以选择综合模糊评价对岩巷掘进施工效果进行评价较为合理。我们同时考虑到进行模糊评价所需要的权重通常是由专家根据自己的有价值的经验和判断能力给出，具有较大的主观性和随意性，难以科学合理地进行评判。层次分析法是一种定性与定量相结合、将人的经验和主观判断以数量形式表达和处理的方法。用层次分析法确定各评价指标的权重时，尽量减少了个人主观判断所带来的弊端，使评价结果更合理和可信。所以本章在研究岩巷掘进施工普掘和快掘不同的基础上，采用 AHP 和 FUZZY 综合评价法相结合的方法，建立评价模型对岩巷快速掘进效果进行评价。

5.3.1　AHP-Fuzzy 综合评价模型建立

模糊综合评价就是应用模糊变换原理和最大隶属度原则，考虑被评价事物相关的各因素，对其所做的综合评价。其一般步骤如下：

(1) 首先建立评价因素和评语集。设评价子目标集 $U=\{u_1, u_2, \cdots, u_m\}$ 为主因素层，如果主因素层中任一元素 u_i 划分子集的个数为 m，从而可以得到子因素集合 $u_i=\{u_{i1}, u_{i2}, \cdots, u_{ij}, \cdots, u_{im}\}(i=1, 2, \cdots, m; j=1, 2, \cdots, n)$。

评价集 $V=\{v_1, v_2, \cdots, v_p\}$ 。

(2) 评价矩阵。首先对评价因素集中的 u_i 的因素 u_{ij} 做单因素评判，从因素 u_{ij} 着眼确定该因素对抉择等级 $V_k(k=1, 2, \cdots, p)$ 的隶属度 r_{ijk} ，这样就得出因素 u_{ij} 的单因素评判集：

$$r_{ijk}=(r_{ij1}, r_{ij2}, \cdots, r_{ijp})\quad (i=1, 2, \cdots, m; j=1, 2, \cdots, n)$$

它是评价集 V 上的模糊子集。这样，由 u_{ij} 的单因素评价集就构造出因素 u_i 总的模糊判断矩阵 $\overline{\boldsymbol{R}}_i$ 。

$$\overline{\boldsymbol{R}}_i=\begin{bmatrix} r_{i11} & r_{i12} & \cdots & r_{i1p} \\ r_{i21} & r_{i22} & \cdots & r_{i2p} \\ \vdots & \vdots & & \vdots \\ r_{in1} & r_{in2} & \cdots & r_{inp} \end{bmatrix}$$

$\overline{\boldsymbol{R}}_i$ 即是评价因素的评价集的一个隶属关系，$\mu_{\overline{\boldsymbol{R}}}(u_i, v_k)=r_{ijk}$ 表示因素（指标）u_{ij} 对评价集 v_k 的隶属度。

（3）评价指标权重的确定。在评价因素 u_{ij} 中，各个因素在总评价中的影响程度各不同。所以，需要为评价因素集中第一个因素以不同的权值，但是权值的大小是一个模糊抉择问题。则存在一个评价因素 u_{ij} 对被评价对象影响程度的模糊权重集合 $\overline{A}_i$：

$$\overline{A}_i = \frac{a_{i1}}{u_{i1}} + \frac{a_{i2}}{u_{i2}} + \cdots + \frac{a_{in}}{u_{in}}$$

或者，$\overline{A}_i = \{a_{i1}, a_{i2}, \cdots, a_{in}\}(i = 1, 2, \cdots, m)$。$a_{ij}(0 \leqslant a_{ij} \leqslant 1)$ 为 u_{ij} 对 $\overline{A}_i$ 的隶属度，即第 ij 个因素 u_{ij} 所对应的权重。$\overline{A}_i$ 称为 U_i 的因素重要程度模糊子集，a_{ij} 称为因素 u_{ij} 的重要程度系数。

（4）一级模糊综合评价。当确定出因素 U_i 的重要程度模糊子集 $\overline{A}_i$ 和因素 u_i 的总的模糊评价矩阵 $\overline{\boldsymbol{R}}_i$ 以后，对每个因素集 $u_i = \{u_{i1}, u_{i2}, \cdots, u_{im}\}$ 中的 n 个因素作模糊综合评判。

$$\overline{\boldsymbol{B}}_i = \overline{A}_i \cdot \overline{\boldsymbol{R}}_i = (b_{i1}, b_{i2}, \cdots b_{ip}) \quad (i = 1, 2, \cdots, m) \tag{5-1}$$

$$\overline{\boldsymbol{B}}_i = (a_{i1}, a_{i2}, \cdots, a_{in}) \cdot \begin{bmatrix} r_{i11} & r_{i12} & \cdots & r_{i1p} \\ r_{i21} & r_{i22} & \cdots & r_{i2p} \\ \vdots & \vdots & & \vdots \\ r_{in1} & r_{in2} & \cdots & r_{inp} \end{bmatrix} \tag{5-2}$$

$$b_{ik} = \sum_{j=1}^{n} a_{ij} \cdot r_{ijk} \quad (j = 1, 2, \cdots, p)$$

式中，$\overline{\boldsymbol{B}}_i$ 为因素 u_i 的模糊评价向量。

$\overline{\boldsymbol{B}}_i$ 称为评价集 V 上的等级模糊子集，$b_{ik}(k = 1, 2, \cdots, p)$ 为等级 v_k 对综合评价所得等级模糊子集 $\overline{\boldsymbol{B}}_i$ 的隶属度。

（5）二级模糊综合评价。设 $U = \{u_1, u_2, \cdots, u_m\}$ 的指标重要程度模糊子集为 $\overline{A}$，且 $\overline{A} = \{\overline{A}_1, \overline{A}_2, \cdots, \overline{A}_m\}$，则 U 的总的评价矩阵 $\overline{\boldsymbol{R}}$ 为：

$$\overline{\boldsymbol{R}} = \begin{bmatrix} \overline{B}_1 \\ \overline{B}_2 \\ \vdots \\ \overline{B}_m \end{bmatrix} = \begin{bmatrix} \overline{A}_1 & \cdot & \overline{R}_1 \\ \overline{A}_2 & \cdot & \overline{R}_2 \\ & \vdots & \\ \overline{A}_m & \cdot & \overline{R}_m \end{bmatrix} \tag{5-3}$$

则得出的综合评判结果，即

$$\overline{\boldsymbol{B}} = \overline{A} \cdot \overline{\boldsymbol{R}} = (b_1, b_2, \cdots, b_p)$$

因此，如果 $b_j = \max\{b_1, b_2, \cdots, b_p\}$，则被评价对象的模糊综合评价结果为决策评价等级 v_j。

上述构建的模型为 AHP-Fuzzy 综合评价二级模型，如果所要评价的指标集指标多的时候，可以继续对指标进行划分，并进行更高层次的综合评价。

5.3.2 岩巷快掘施工评价系统指标量化

在岩巷掘进系统分析以及普掘与快掘对比分析指标的基础上，本节应用系统分析“定性和定量相结合的方法”，针对岩巷掘进系统评价的特点，对影响评价指标进行量化。因素的定量化，为岩巷快掘施工评价指标体系及系统的建立，以及利用现代数学方法对岩巷快掘项目的可行性评价奠定基础。

5.3.2.1 指标量化的总则

根据系统分析的方法，要使得岩巷掘进系统的评价最后能得到一个总体的定量结果，必须要制定评价标准。本书按照一般的习惯，将指标分为极好、好、较好、一般、差五个等级，相应的分值或级别一般定为 100 分或 A 级、90 分或 B 级、75 分或 C 级、60 分或 D 级、50 分或 E 级。各个指标的分值或等级如果低于 60 分或为 E 级，那么该项指标就为不通过。

对于定性因素标准的划分，其五个等级的评价内容基本相同，唯一的区别在于划分的程度不同。指标量化的过程中，作者针对岩巷钻爆法施工评价的特点，参考《煤炭建设项目经济评价方法与参数》，参考 Waller（1992）、王志宏（1995）、王立杰（1992）等人关于煤炭、矿床等方面的评价的理论和方法，结合指标的评价值具有连续分布的特点，采用划分范围和等级点的方法进行等级划分。

5.3.2.2 指标的具体量化

A 技术效果评价指标量化

在 5.2 节已经对钻爆法岩巷的普掘与快掘的指标进行了详细的对比，并说明了指标的具体特征和因素之间的相关性，下面就具体给出各个指标的量化值。

a 单循环进尺

单循环进尺的大小，决定了钻爆法岩巷掘进完成单个循环所能取得的施工进度，是构成岩巷施工进度的基本单元之一。

划分等级标准如下：

A，极好，单循环进尺大于 B 级规定的数值范围。其大于幅度由专家决定。

B，好，单循环进尺大于 C 级规定的数值范围。其大于幅度由专家决定。

C，较好，单循环进尺大于 D 级规定的数值范围。其大于幅度由专家决定。

D，一般，单循环进尺大于E级规定的数值范围。其大于幅度由专家决定。

E，差，单循环进尺低于1.8m，属于浅孔爆破，不属于快速掘进研究的中深孔爆破范围。

根据岩巷中深孔爆破的规定，爆破单循环进尺在1.8~2.5m的就为中深孔爆破施工。根据这个要求把岩巷单循环进尺的等级划分如表5-2所示。

表5-2　单循环进尺等级划分

	变化范围/m	等　级	等级点/m
A	>2.5	极好	2.6
B	$2.2<l\leqslant 2.5$	好	2.3
C	$2.0<l\leqslant 2.2$	较好	2.1
D	$1.8<l\leqslant 2.0$	一般	1.9
E	$l\leqslant 1.8$	差	1.8

b　炮孔利用率

炮孔利用率的高低决定了使用效率的高低，炮孔利用率是评价爆破参数及爆破效果合理与否的重要指标。

划分等级标准如下：

A，极高，炮孔利用率大于B级规定的数值范围。其大于幅度由专家决定。

B，高，炮孔利用率大于C级规定的数值范围。其大于幅度由专家决定。

C，较高，炮孔利用率大于D级规定的数值范围。其大于幅度由专家决定。

D，一般，炮孔利用率大于E级规定的数值范围。其大于幅度由专家决定。

E，低，炮孔利用率低于80%，炮孔利用率已经很低，残孔一般较深，爆破方案不合理。

在岩巷快速掘进施工中，炮孔利用率一般都要求在85%及以上水平，如果低于80%就失去了中深孔爆破的必要性，具体划分等级标准如表5-3所示。

表5-3　炮孔利用率等级划分

	变化范围/%	等　级	等级点/%
A	>95	极高	96
B	$90<\beta\leqslant 95$	高	93
C	$85<\beta\leqslant 90$	较高	88
D	$80<\beta\leqslant 85$	一般	83
E	$\beta\leqslant 80$	低	80

c　半孔痕率

半孔痕率是衡量岩巷爆破是否达到光面爆破要求的重要指标，半孔痕率越高，岩巷施工的爆破对围岩的损伤就越小，越有利于支护。

划分等级标准如下：

A，极高，半孔痕率大于B级规定的数值范围。其大于幅度由专家决定。

B，高，半孔痕率大于C级规定的数值范围。其大于幅度由专家决定。

C，较高，半孔痕率大于D级规定的数值范围。其大于幅度由专家决定。

D，一般，半孔痕率大于E级规定的数值范围。其大于幅度由专家决定。

E低，半孔痕率低于50%，已经不符合光面爆破的要求，爆破方案不合理。

在岩巷快速掘进施工中，光面爆破的要求是基础，所以一般要求半孔痕率在50%及以上水平，具体划分等级标准如表5-4所示。

表5-4 半孔痕率等级划分

	变化范围%	等 级	等级点/%
A	>95	极高	96
B	$90<\gamma\leqslant 95$	高	93
C	$85<\gamma\leqslant 90$	较高	88
D	$80<\gamma\leqslant 85$	一般	83
E	$\gamma\leqslant 80$	低	80

d 单耗

炸药单耗不仅影响爆破效果，还直接关系到矿石的生产成本和作业安全。炸药单耗取决于岩石的爆破性质、爆破技术和炸药性能等因素。对于中深孔爆破，孔深在2.0m左右的炮孔其单耗水平如表5-5所示。

划分等级标准如下：

A，极好，单耗低于B级规定的数值范围。其低于幅度由专家决定。

B，好，单耗低于C级规定的数值范围。其低于幅度由专家决定。

C，较好，单耗低于D级规定的数值范围。其低于幅度由专家决定。

D，一般，单耗低于E级规定的数值范围。其低于幅度由专家决定。

E，差，单耗高于1.6kg/m^3，容易产生超挖、爆破震动危害过大等问题。

表5-5 单耗与*f*值对应表

岩石的坚固性系数f	<8	8~10	10~15	>15
单耗/$kg \cdot m^{-3}$	0.25~1.0	1.0 ~ 1.6	1.6~2.6	2.8以上

本书依据岩巷工程中普遍的岩石坚固性系数在10以下，根据参数进行等级的划分如表5-6所示。

表 5-6　单耗等级划分表

	变化范围/kg·m^{-3}	等级	等级点
A	$\delta<1.0$	极好	0.9
B	$1.0\leq\delta<1.2$	好	1.1
C	$1.2\leq\delta<1.4$	较好	1.3
D	$1.4\leq\delta<1.6$	一般	1.5
E	$\delta\geq1.6$	差	1.6

e　大块率

大块率不仅仅是评价爆破效果的指标，还直接关系到岩巷的耙矸和出矸作业，有的甚至还需要二次爆破，增加了生产成本和作业安全。大块率是按照大块的体积与爆破岩石的体积比进行计算的。

划分等级标准如下：

A，极好，大块率低于 B 级规定的数值范围。其低于幅度由专家决定。

B，好，大块率低于 C 级规定的数值范围。其低于幅度由专家决定。

C，较好，大块率低于 D 级规定的数值范围。其低于幅度由专家决定。

D，一般，大块率低于 E 级规定的数值范围。其低于幅度由专家决定。

E，差，大块率大于 6%，已经不符合光面爆破的要求，爆破方案不合理。

根据本书文献的研究，大块率超过 8%给生产带来很多不便，所以进行等级的划分如表 5-7 所示。

表 5-7　大块率等级划分表

	变化范围/%	等级	等级点/%
A	$\varepsilon<1$	极好	0.9
B	$1\leq\varepsilon<3$	好	2
C	$3\leq\varepsilon<5$	较好	4
D	$5\leq\varepsilon<7$	一般	6
E	$\varepsilon\geq7$	差	8

f　爆堆形状

爆堆的形状对于岩巷后续的支护作业和出矸作业影响较大。一般来说，爆破之后紧接着就是支护作业，工人需要蹬渣作业，爆堆的形状和距拱顶的高度对支护的挂网和钻孔作业产生影响；爆堆形状影响单次耙矸效率及整个出矸作业时间，爆堆形状越好时，耙矸效率越高，出渣时间就越短。

目前，对爆堆对岩巷施工的影响研究还很少，仅仅只是停留在定性的描述方面，无法对其进行定量的描述。因为爆堆对出矸和支护作业具有显著性的影响，所以等级的划分按照对支护和出矸作业的有利程度来进行，如表5-8所示。

表5-8 爆堆形状等级划分表

	变化范围	等级
A	爆堆形状很利于耙矸及支护作业	极好
B	爆堆形状利于耙矸及支护作业	好
C	爆堆形状较利于耙矸及支护作业	较好
D	爆堆形状较不利于耙矸及支护作业	一般
E	爆堆形状不利于耙矸及支护作业	差

g 爆破冲击波

无论何种爆破都会产生爆破冲击波，冲击波的大小与炸药、堵塞情况、爆破参数等有很大关系。爆破冲击波对巷道内的人员身体产生损害，移动或破坏施工设备，给施工带来很大不便。由于爆破时，施工人员都会进入硐室进行躲避，并采取保护措施，所以对爆破冲击波的等级划分只考虑其对施工设备的影响，如表5-9所示。

划分等级标准如下：

A，极好，爆破冲击波对主要设备没有影响，所有设备完好；

B，好，爆破冲击波对主要设备没有影响，对施工设备起保护作用的设施有些许移动；

C，较好，爆破冲击波对主要设备没有影响，个别对施工设备起保护作用的设施有“吹倒”现象；

D，一般，爆破冲击波对主要设备没有影响，对施工设备起保护作用的设施具有“吹倒”现象；

E，差，爆破冲击波对主要设备没有影响，但对施工设备起保护作用的设施有“吹倒”并有移动。

表5-9 爆破冲击波等级划分表

	变化范围	等级
A	所有设备完好	极好
B	设备有些许移动	好
C	个别设备具有“吹倒”现象	较好
D	少量设备具有“吹倒”现象	一般
E	少量设备有“吹倒”并有移动现象	差

h 爆破飞石

在工程爆破中，被爆介质中那些脱离主爆堆而飞得较远的碎石，即为爆破个别飞散物，也叫飞石。经过精心的爆破参数的设计，井下爆破作业时大部分飞散物是能够得到有效控制的，但是个别飞石总能对设备及工器具造成破坏。

划分等级标准如下：

A，极好，未产生飞石，所有设备完好；

B，好，少量小块飞石，距离工作面较近，但对设备无影响；

C，较好，少量飞石，距离工作面较远，对设备无影响；

D，一般，少量大块飞石，距离工作面较近，对设备无影响，对出矸稍有影响；

E，差，少量飞石，距离工作面较远，击中主要设备和工器具。

具体划分等级如表 5-10 所示。

表 5-10 飞石等级划分表

	变 化 范 围	等级
A	未产生飞石	极好
B	飞石距离较近	好
C	飞石距离较远	较好
D	大块飞石	一般
E	飞石击中主要设备	差

i 炮烟、粉尘

炮烟和粉尘都是爆破后产生的污染物，随着通风的进行会逐渐消散，所以二者一起讨论。爆生气体中的 CO 和氮氧化物都是有毒气体。由于井下通风条件差，有毒气体对工人的身体健康有直接的危害。过度粉碎区是粉尘的主要来源，其与爆破参数的选取，以及降尘措施有很大关系。

划分等级标准如下：

A，极好，降尘措施得当，粉尘浓度小，气体刺激性气味弱；

B，好，降尘措施较得当，粉尘浓度小，气体刺激性气味较弱；

C，较好，降尘措施一般，粉尘浓度稍大，通风后较快消散，气体刺激性气味较弱；

D，一般，降尘措施一般，粉尘浓度较大，较长时间通风后消散，气体刺激性气味较弱；

E，差，无降尘措施，粉尘浓度大，长时间通风才消散，气体刺激性气味浓烈。

具体划分等级如表 5-11 所示。

表 5-11 炮烟粉尘等级划分表

	变 化 范 围	等级
A	粉尘浓度小、刺激性气味弱	极好
B	粉尘浓度小、气体刺激性气味较弱	好
C	粉尘浓度稍大、气体刺激性气味较弱	较好
D	粉尘浓度较大、气体刺激性气味稍大	一般
E	粉尘浓度大、气体刺激性气味浓烈	差

j 爆破对支护结构影响

支护结构在岩巷掘进施工中，一般指的是锚喷支护后形成的支护结构体。在爆破震动的间歇作用下，支护结构内部会发生变化，如锚杆锚固力下降、混凝土出现微观裂纹，导致整个支护结构的支护强度下降。一般是通过取混凝土芯测试强度和锚杆测力计来测试。所以，爆破对支护结构的影响按照上述几个方面进行分级，具体划分等级如表 5-12 所示。

表 5-12 支护结构受影响等级划分表

	变 化 范 围	等级
A	支护体强度、锚杆锚固力基本不变	极好
B	支护体强度、锚杆锚固力稍微减小	好
C	支护体强度、锚杆锚固力较小	较好
D	支护体强度、锚杆锚固力减小幅度较大	一般
E	支护体强度、锚杆锚固力减小幅度很大	差

k 爆破对围岩的影响

爆破对围岩的影响的表现形式，从细观上讲，就是损伤的积累，产生微观裂纹；从宏观上讲就是围岩破碎、超挖等现象。微观裂纹通过电镜扫描等专业手段获得，所以对围岩的影响只从宏观角度进行描述。爆破对支护结构的影响按照上述几个方面进行分级，具体划分等级如表 5-13 所示。

表 5-13 围岩受影响等级划分表

	变 化 范 围	等级
A	成型非常好、超欠挖在 50mm 以下	极好
B	成型良好、超欠挖 $50\text{mm} \leq \zeta < 100\text{mm}$	好
C	成型较好、超欠挖 $100\text{mm} \leq \zeta < 120\text{mm}$	较好
D	成型一般、超欠挖 $120\text{mm} \leq \zeta < 150\text{mm}$	一般
E	成型一般、超欠挖 $150\text{mm} \leq \zeta$	差

l 支护工作量

支护工作量是岩巷快速掘进的体系中的重要一环，支护技术中支护参数的选择，在保证支护质量和安全的前提下，决定了支护工作量的大小，进而影响支护速度。支护工作量根据不同的支护类型参数，以及巷道类型不同而有所不同，只能是同类巷道或者同条巷道的不同阶段进行对比。基于上述原则，划分等级标准如下：

A，极好，支护参数合理，支护工作量大大降低（或参数不变），支护速度比原来或同类型巷道大大提高；

B，好，支护参数合理，支护工作量较大降低（或参数不变），支护速度比原来或同类型巷道较大提高；

C，较好，优化参数，支护工作量稍有降低，支护速度比原来或同类型巷道稍有提高；

D，一般，优化参数，支护工作量基本不变，支护速度比原来或同类型巷道基本持平；

E，差，支护参数合理，支护工作量提高，支护速度比原来或同类型巷道有所降低。

具体划分等级如表5-14所示。

表5-14 支护工作量等级划分表

	变化范围	等级
A	支护工作量比原来或同类型巷道大大降低	极好
B	支护工作量比原来或同类型巷道较大降低	好
C	支护工作量比原来或同类型巷道稍有降低	较好
D	支护工作量比原来或同类型巷道基本持平	一般
E	支护工作量比原来或同类型巷道有所提高	差

m 巷道变形

巷道变形的大小是检验支护参数合理与否的重要标志，巷道变形是围岩和支护结构再稳定的过程，巷道的变形是不可避免的过程，只要巷道保证安全且不影响使用及功能要求就是允许的。具体等级划分如表5-15所示。

表5-15 巷道变形等级划分表

	变化范围	等级
A	巷道几乎无变形、结构完好	极好
B	巷道变形小、结构完好	好
C	巷道变形较小、结构完好	较好
D	巷道变形较大、局部发生破碎或破坏	一般
E	巷道变形大，局部发生破碎或破坏	差

B 施工工艺效果评价指标量化

a 破岩工艺

对岩巷掘进施工工艺来讲，主要有全断面和台阶法施工工艺，台阶法施工工艺在岩巷快掘中的应用越来越少，大部分巷道还是采用全断面爆破施工工艺。全断面爆破施工又有一次爆破和多次爆破之分，全断面一次爆破在减少作业时间、爆破次数及辅助工作时间方面比多次爆破具有明显的优势，在岩巷快掘中普遍采用。具体等级划分如表5-16所示。

表5-16 破岩工艺等级划分表

	变 化 范 围	等级
A	全断面一次爆破、作业时间和辅助工作大大减少	极好
B	全断面一次爆破、作业时间和辅助工作较大减少	好
C	全断面二次爆破、作业时间和辅助工作稍有减少	较好
D	全断面多次爆破、作业时间和辅助工作基本不变	一般
E	其他破岩工艺、作业时间和辅助工作不降反升	差

b 排矸工艺

排矸工作占到整个掘进循环时间的35%~50%，所以排矸工艺的选择，对巷道掘进尤其是要实现快速掘进相当重要。具体划分如表5-17所示。

表5-17 排矸工艺等级划分表

	变 化 范 围	等级
A	排矸工艺非常先进，排矸顺畅、迎头没有积矸	极好
B	排矸工艺先进，排矸较顺畅、迎头积矸较少	好
C	传统排矸工艺、排矸受制约、迎头无积矸、迎头后有少量积矸	较好
D	传统排矸工艺、排矸受制约、巷道中有大量积矸需集中处理	一般
E	传统排矸工艺、巷道中大量积矸需处理，已经影响到正规循环率	差

c 支护工艺

支护工作也是岩巷快掘系统中重要的一个子系统，传统的支护工艺普遍采用一次支护成型的作业方式，占用大量的循环时间，支护工艺的改进对巷道掘进尤其是要实现快速掘进相当重要。具体划分如表5-18所示。

表5-18 支护工艺等级划分表

	变 化 范 围	等级
A	支护工艺非常先进，第一次支护工作量大大减少，支护时间明显缩短	极好
B	支护工艺先进，第一次支护工作量较大减少，支护时间缩短	好

续表 5-18

	变 化 范 围	等级
C	支护工艺先进，第一次支护工作量稍有减少，支护时间缩短较少	较好
D	支护工艺一般，一次支护成巷，支护时间达到平均水平	一般
E	支护工艺一般，一次支护成巷，支护时间占用循环时间长	差

C　装备效果评价指标量化

a　钻孔速度

钻孔速度指标是衡量装备的性能的重要指标，岩巷设备的选型就是以设备提高效率为前提，钻孔速度越高，钻孔时间越少。具体等级划分如表 5-19 所示。

表 5-19　钻孔速度等级划分表

	变 化 范 围	等级
A	钻孔设备在行业领先，优化组织、钻孔速度大大提高	极好
B	钻孔设备在行业较先进，优化组织、钻孔速度提高较大	好
C	钻孔设备一般，优化组织后钻孔速度有所提高	较好
D	钻孔设备一般，钻孔速度处于平均水平	一般
E	钻孔设备落后，钻孔速度较慢	差

b　故障率

钻孔设备故障率的高低，直接影响到钻孔设备的使用可靠性，还影响到岩巷钻孔作业速度。具体等级划分如表 5-20 所示。

表 5-20　故障率等级划分表

	变 化 范 围	等级
A	钻孔设备在行业领先，维护保养得当、故障率非常低	极好
B	钻孔设备在行业较先进，维护保养得当、故障率较低	好
C	钻孔设备一般，维护保养跟上、故障率较低	较好
D	钻孔设备一般，故障率较高、但维护保养跟上、不影响钻孔作业	一般
E	钻孔设备落后，故障率较高、影响钻孔作业	差

c　操作性

钻孔设备操作性的高低，尤其是钻孔设备的单人操作性，是决定迎头钻孔工人数量的关键，为后路的平行作业提供充裕的劳动力，所以钻孔设备的操作性是对其进行效果评价的重要指标之一。具体等级划分如表 5-21 所示。

表 5-21 操作性等级划分表

	变化范围	等级
A	钻孔设备操作简单，作业需单人单钻，迎头只需一人辅助就可	极好
B	钻孔设备操作简单，作业需 2 人进行辅助	好
C	钻孔设备操作较简单，整个作业需 1~2 人辅助	较好
D	钻孔设备较重、操作性一般，作业需 2 人辅助	一般
E	钻孔设备笨重落后，需要专人专钻辅助才能完成作业	差

d 排矸能力

排矸设备的排矸能力，不仅体现在单次排矸的排矸量，而且表现在单次循环出矸所占用的时间，也就构成了出矸作业的整个过程。具体等级划分如表 5-22 所示。

表 5-22 排矸能力等级划分

	变化范围	等级
A	一次排矸能力强、操作简单、排矸效果好	极好
B	一次排矸能力强，操作简单、排矸效果较好	好
C	一次排矸能力较强，操作一般、排矸效果较好	较好
D	一次排矸能力较好，操作一般、整体排矸效果一般	一般
E	一次排矸能力一般、操作较复杂	差

e 排矸机械故障率

排矸机械的正常运转是巷道内矸石顺利排出的重要保障，排矸机械一旦发生故障，就会影响到岩巷的后续作业的顺利进行，所以，降低排矸机械的故障率是岩巷工作者的首要任务。具体等级划分如表 5-23 所示。

表 5-23 故障率等级划分表

	变化范围	等级
A	排矸设备在行业领先，维护保养得当、故障率非常低	极好
B	排矸设备在行业较先进，维护保养得当、故障率较低	好
C	排矸设备一般，维护保养跟上、故障率较低	较好
D	排矸设备一般，维护保养跟上、不影响钻孔作业	一般
E	排矸设备落后，故障率较高、影响钻孔作业	差

f 支护速度

支护速度指标是衡量支护装备的性能的重要指标，锚杆钻机的钻孔速度，以及喷浆设备的喷浆速度等都对支护速度构成影响。具体等级划分如表 5-24 所示。

表 5-24　支护速度等级划分表

	变 化 范 围	等级
A	支护设备在行业领先，优化组织、支护速度大大提高	极好
B	支护设备在行业较先进，优化组织、支护速度提高较大	好
C	支护设备一般，优化组织后钻孔速度有所提高	较好
D	支护设备一般，支护速度处于平均水平	一般
E	支护设备落后，支护速度较慢	差

g　操作性能

支护设备的操作性的高低，尤其是支护设备操作所需人数，是决定迎头钻孔工人数量的关键，在巷道狭小的空间内，出于安全考虑，占用工人人数越少越好。所以支护设备的操作性是对其进行效果评价的重要指标之一。具体等级划分如表 5-25 所示。

表 5-25　操作性等级划分表

	变 化 范 围	等级
A	支护设备操作简单，需配合人数少	极好
B	支护设备操作简单，需要配合的人数较少	好
C	支护设备操作较简单，需要配合人数一般	较好
D	支护设备较重、操作性一般，需要配合人数稍多	一般
E	支护设备笨重落后，需要配合人数稍多	差

h　运输能力

运输设备的运输能力是决定矸石在巷道内堆积时间的重要因素之一，运输设备的运输能力，与设备的型号有关，跟耙矸设备的配合有关，所以运输设备的运输能力是对其进行效果评价的重要指标之一。具体等级划分如表 5-26 所示。

表 5-26　运输能力等级划分表

	变 化 范 围	等级
A	运输能力出色，矸石不会在迎头堆积	极好
B	运输能力出色，矸石有少许在迎头堆积	好
C	单次运输能力较好，矸石有少许在巷道内堆积，通过平行作业可以清运干净	较好
D	单次运输能力较好，矸石有在巷道内堆积，通过平行作业仍有少量剩余	一般
E	单次运输能力欠佳，完整循环后矸石在巷道内大量堆积	差

i　运输故障率

运输机械的正常运转是巷道内矸石顺利排出的重要保障，运输机械一旦发生故障，矸石会在巷道内大量堆积，主要表现在矿车供应不足、皮带故障等（这里把矿车供应不足可以看作是矿车出现故障）。所以，降低运输机械的故障率是岩巷工作者的首要任务。运输故障率具体等级划分如表5-27所示。

表5-27 运输故障率等级划分表

	变化范围	等级
A	运输设备选取合理，维护保养得当、故障率非常低	极好
B	运输设备选取合理，维护保养得当、故障率较低	好
C	运输设备处于行业平均水平，维护检修跟上、故障率较低	较好
D	运输设备处于行业平均水平、故障率稍高	一般
E	运输设备处于行业平均水平、故障率高、影响作业循环	差

D 组织管理效果评价指标量化

a 劳动积极性

班组是井下掘进作业的最小的集体，班组成员的劳动积极性的高低，决定了整个班组管理的劳动效率。对劳动积极性的评价没有定量的标准进行衡量，只能通过定性的描述去划分积极性的等级，具体等级划分如表5-28所示。

表5-28 劳动积极性等级划分表

	变化范围	等级
A	劳动积极性非常高、劳动效率非常高	极好
B	劳动积极性高、劳动效率高	好
C	劳动积极性较高、劳动效率较高	较好
D	劳动积极性一般、劳动效率一般	一般
E	消极劳动、劳动效率低下	差

b 配合能力

班组成员的劳动配合是完成岩巷掘进各项工作的重要途径，也是提高整个班组管理的劳动效率的基本方式，巷道掘进是在高噪音、高粉尘、高恶劣施工环境下进行，成员间的交流不便，所以成员间的配合默契程度，往往是决定班组效率的重要条件。配合能力评价等级的具体划分如表5-29所示。

表5-29 配合能力等级划分表

	变化范围	等级
A	配合默契程度很高、劳动效率非常高	极好
B	配合默契程度高、劳动效率高	好
C	配合默契程度较高、劳动效率较高	较好
D	配合默契程度一般、劳动效率一般	一般
E	配合默契程度低、需要不停地布置任务、劳动效率低下	差

c　技术熟练性

班组成员的技术熟练程度决定了方案的设计意图能否得到正确贯彻的关键，班组成员对技术越熟练、了解越透彻，班组成员的劳动效率就越高，所以这也是要进行技术交底和培训的原因。技术熟练性评价等级的具体划分如表 5-30 所示。

表 5-30　技术熟练性等级划分表

	变　化　范　围	等级
A	技术熟练性很高、班组成员都掌握	极好
B	技术熟练性高、大部分班组成员都掌握	好
C	技术熟练性较高、班组成员对技术都熟悉	较好
D	技术熟练性一般、大部分班组成员对技术熟悉	一般
E	技术熟练性不高、仅几个班组成员熟悉	差

d　执行力

管理制度执行力的程度对班组管理的好坏，取决于制度的执行和落实情况的好坏，制度执行力强，班组成员就易于管理，能够做到各司其职，提高班组生产效率。执行力的等级的划分如表 5-31 所示。

表 5-31　执行力等级划分表

	变　化　范　围	等级
A	执行力很强	极好
B	执行力强	好
C	执行力较强	较好
D	执行力一般	一般
E	执行力大打折扣	差

e　适应性

管理制度对于规范班组行为和提高生产效率具有重要作用，但是如果管理制度存在缺乏操作性、监督检查不够等缺陷，也就是管理制度没有考虑其适应环境和对象，结果适得其反。所以，管理制度的适应性是管理制度执行力需考虑的重点。具体等级的划分如表 5-32 所示。

表 5-32　适应性等级划分表

	变　化　范　围	等级
A	管理制度非常适应岩巷掘进管理	极好
B	管理制度适应岩巷掘进管理	好
C	管理制度较适应岩巷掘进管理	较好
D	管理制度一般适应岩巷掘进管理	一般
E	管理制度不适应岩巷掘进管理	差

f 激励性

管理制度激励性包括正激励和负激励，也就是明确的奖罚机制，奖罚机制同经济利益挂钩，且奖罚力度适中，实行严格的奖罚考核监督，才能提高职工的积极性和团队协作能力。具体等级的划分如表 5-33 所示。

表 5-33 激励性等级划分表

	变 化 范 围	等级
A	激励制度很到位、奖罚力度非常合适	极好
B	激励制度到位，奖罚力度适中	好
C	激励制度较到位，奖罚力度稍小	较好
D	激励制度到位，奖罚力度稍轻	一般
E	激励制度不到位	差

g 平行作业

平行作业施工是岩巷快速掘进施工中必要的施工组织手段，平行作业采用的程度，是决定岩巷掘进速度的重要因素之一。平行作业的程度用平行作业率来衡量，即单循环内存在平行作业的时间与循环时间的比率。具体等级的划分如表 5-34 所示。

表 5-34 平行作业等级划分表

	变化范围/%	等级	等级点/%
A	>80	极好	85
B	$60<\eta\leqslant 80$	好	70
C	$40<\eta\leqslant 60$	较好	50
D	$20<\eta\leqslant 40$	一般	30
E	$\eta\leqslant 20$	差	20

E 巷道掘进目标评价指标量化

a 优良率

根据煤矿井巷工程质量检验评定标准的验收规定，煤矿井巷工程质量检验评定均分为“合格”和“优良”两个等级，根据其中对于巷道工程的规定：对工程量大、工期长的井筒井身工程和平硐硐身、巷道主体工程，可以按每月实际进尺作为一个分部工程。所以，岩巷工程的验收以分部工程的验收规定进行。

划分等级标准如下：

A，极高，分项工程的 90%及其以上达到优良，指定的分项工程为优良。

B，高，分项工程的 80%及其以上达到优良，指定的分项工程为优良。

C，较高，分项工程的 70%及其以上达到优良，指定的分项工程为优良。

D，一般，分项工程的 60%及其以上达到优良，指定的分项工程为优良。

E，低，分项工程的 50%以下达到优良，指定的分项工程为优良。

所含分项工程的质量应全部合格，其中分项工程的 50%及其以上达到优良，指定的分项工程必须优良，此时的分项工程才能为优良，具体等级划分标准如表 5-35 所示。

表 5-35 优良率等级划分

	变化范围/%	等级	等级点/%
A	>90	极高	95
B	$80<\beta\leqslant 90$	高	85
C	$70<\beta\leqslant 80$	较高	75
D	$50<\beta\leqslant 70$	一般	60
E	$\beta\leqslant 50$	低	50

b 后续使用成本

后续使用成本，是从工程的全寿命周期成本去考虑巷道的施工质量对岩巷成本的影响，后续的成本在施工竣工验收过程中无法得到准确的数值，只有当岩巷使用一段时间后才会显现。所以，岩巷的后续使用成本大小的度量或评价只能由专家根据自己的经验和施工方案的合理性进行定性的判断。具体等级划分标准如表 5-36 所示。

表 5-36 后续成本等级划分

	变 化 范 围	等级
A	巷道维修成本很低	极好
B	巷道维修成本低	好
C	巷道维修成本较低	较好
D	巷道维修成本一般	一般
E	巷道维修成本较高	差

c 日进尺

根据月进尺的计算公式，日进尺是进行月进尺计算的重要参数之一，在保证正规循环率的前提下，日进尺越高。具体等级划分标准如表 5-37 所示。

表 5-37 日进尺等级划分

	变 化 范 围	等级
A	日进尺很高，处于行业顶尖水平	极好
B	日进尺高，处于行业领先水平	好
C	日进尺较高，处于行业中等以上水平	较好
D	日进尺一般，处于行业中等水平	一般
E	日进尺低，处于行业中等以下水平	差

d 正规循环率

正规循环率是进行月进尺计算的另一个重要参数之一。根据目前的情况，岩巷掘进的单循环进尺和日进尺能够比较容易达到设计的要求，但是整个循环下来，往往不能保证完整实现“两掘一喷”或“三掘一喷”等作业组织形式，所以，正规循环率是岩巷进度的重要因素。正规循环率的等级划分如表 5-38 所示。

表 5-38 正规循环率等级划分表

	变化范围/%	等级	等级点/%
A	$\eta>95$	极好	96
B	$90<\eta\leqslant95$	好	93
C	$85<\eta\leqslant90$	较好	87
D	$80<\eta\leqslant85$	一般	83
E	$\eta\leqslant80$	差	80

e 事故率

巷道施工的安全是煤矿企业重点关注的问题之一，“百年大计，安全第一”，安全施工管理的重要目标就是降低施工过程中发生事故的频率，尤其是重伤或死亡事故应重点控制，作者参考“百万吨死亡率”，采用“百米事故率”指标。事故率等级划分如表 5-39 所示。

表 5-39 事故率等级划分表

	变化范围/%	等级	等级点/%
A	$\eta<0.1$	极好	0
B	$0.1\leqslant\eta<0.2$	好	0.1
C	$0.2\leqslant\eta<0.3$	较好	0.2
D	$0.3\leqslant\eta<0.4$	一般	0.3
E	$\eta\geqslant0.4$	差	0.4

f 节约造价

巷道施工的竣工结算是以预算作为依据，采用新的技术后，施工成本降低和施工工期提前，最后的体现在造价的节约上。所以，在此以巷道的造价节约的幅度大小来对成本目标的定性描述，如表 5-40 所示。

表 5-40 造价节约率等级划分表

	变化范围/%	等级	等级点/%
A	>30	极好	35
B	$20<\eta\leqslant30$	好	25
C	$10<\eta\leqslant20$	较好	15
D	$5<\eta\leqslant10$	一般	7
E	$\eta\leqslant5$	差	5

5.3.3 钻爆法岩巷快掘评价系统指标体系权重确定

建立的钻爆法岩巷评价体系如图 5-8 所示，按照 AHP 原理其具有递阶层次结构特征。A 层为钻爆法岩巷施工效果评价的总体目标层；B 层为准则层，包括技术、工艺、装备、组织管理、施工目标；C 层为子准则层；D 层为指标层。为了得到定量分析和最后的结论，作者利用 AHP-Fuzzy 评价方法对其进行综合评价。由于具有多层次的属性，首先应确定各个层次指标的权重。根据钻爆法岩巷施工的特点，及其项目评价的特点，同时参考岩巷掘进专家的意见，确定各个层次之间的判断矩阵，并计算其相对权重和判断矩阵一致性检验结果，如表 5-41~表 5-58 所示。最后确定的各层各个指标的权重如图 5-9 所示。确定了权重之后的评价体系，该模型就能对钻爆法岩巷快掘施工效果进行评价。

表 5-41 总目标层因素相对重要性判断矩阵及相对权重向量

B-A	技术	工艺	装备	组织	目标	w
	B_1	B_2	B_3	B_4	B_5	
B_1	1	3	3	3	1/3	0.2258
B_2	1/3	1	1/3	1/3	1/5	0.0545
B_3	1/3	3	1	3	1/5	0.1314
B_4	1/3	3	1/3	1	1/7	0.0791
B_5	3	5	5	7	1	0.5092
一致性检验	$\lambda_{max}=5.4035$，$CR=0.0819<0.1$					

表 5-42 工艺因素相对重要性两两判断矩阵及相对权重向量

$C\text{-}B_2$	C_{21}	C_{22}	C_{23}	w
C_{21}	1	3	7	0.6491
C_{22}	1/3	1	5	0.2790
C_{23}	1/7	1/5	1	0.0719
一致性检验	$\lambda_{max}=3.0649$，$CR=0.0559<0.1$			

表 5-43 技术因素相对重要性两两判断矩阵及相对权重向量

C-B_1	C_{11}	C_{12}	C_{13}	C_{14}	w
C_{11}	1	1/3	5	5	0.2816
C_{12}	3	1	7	7	0.5770
C_{13}	1/5	1/7	1	1/3	0.0518
C_{14}	1/5	1/7	3	1	0.0897
一致性检验	λ_{max} = 4.2278，CR = 0.0844 < 0.1				

表 5-44 装备因素相对重要性两两判断矩阵及相对权重向量

C-B_3	C_{31}	C_{32}	C_{33}	C_{34}	w
C_{31}	1	3	5	3	0.5113
C_{32}	1/3	1	5	1	0.2243
C_{33}	1/5	1/5	1	1/3	0.0671
C_{34}	1/3	1	3	1	0.1974
一致性检验	λ_{max} = 4.1147，CR = 0.0425 < 0.1				

表 5-45 组织管理因素相对重要性两两判断矩阵及相对权重向量

C-B_4	C_{41}	C_{42}	C_{43}	w
C_{41}	1	3	1/3	0.2583
C_{42}	1/3	1	1/5	0.1047
C_{43}	3	5	1	0.6370
一致性检验	λ_{max} = 3.0385，CR = 0.0331 < 0.1			

表 5-46 掘进目标因素相对重要性两两判断矩阵及相对权重向量

C-B_5	C_{51}	C_{52}	C_{53}	C_{54}	w
C_{51}	1	1/3	1/3	3	0.1504
C_{52}	3	1	1/3	3	0.2605
C_{53}	3	3	1	5	0.5127
C_{54}	1/3	1/3	1/5	1	0.0764
一致性检验	λ_{max} = 4.1975，CR = 0.0731 < 0.1				

表 5-47　爆破效果因素相对重要性两两判断矩阵及相对权重向量

D-C_{11}	D_{111}	D_{112}	D_{113}	D_{114}	D_{115}	D_{116}	w
D_{111}	1	1/3	3	3	5	5	0.2559
D_{112}	3	1	3	5	3	7	0.3691
D_{113}	1/3	1/3	1	1/3	3	5	0.1130
D_{114}	1/3	1/5	3	1	3	5	0.1497
D_{115}	1/5	1/3	1/3	1/3	1	5	0.0720
D_{116}	1/5	1/7	1/5	1/5	1/5	1	0.0403
一致性检验	$\lambda_{max} = 6.4260$，CR = 0.0687 < 0.1						

表 5-48　安全效果因素相对性两两判断矩阵及相对权重向量

D-C_{12}	C_{121}	C_{122}	C_{123}	w
C_{121}	1	1/3	3	0.2583
C_{122}	3	1	5	0.6370
C_{123}	1/3	1/5	1	0.1047
一致性检验	$\lambda_{max} = 3.0385$，CR = 0.0332 < 0.1			

表 5-49　环境效果因素相对性两两判断矩阵及相对权重向量

D-C_{13}	D_{131}	D_{132}	$w(1, 3)$
D_{131}	1	3	0.3247
D_{132}	1/3	1	0.6753
一致性检验	二阶判断矩阵总是一致的		

表 5-50　支护技术效果相对性两两判断矩阵及相对权重向量

D-C_{14}	D_{141}	D_{142}	$w(1, 4)$
D_{141}	1	1/5	0.1667
D_{142}	5	1	0.8333
一致性检验	二阶判断矩阵总是一致的		

表 5-51　钻孔装备效果相对性两两判断矩阵及相对权重向量

D-C_{31}	C_{311}	C_{312}	C_{313}	$w(3, 1)$
C_{311}	1	1/3	3	0.6370
C_{312}	3	1	5	0.2583
C_{313}	1/3	1/5	1	0.1047
一致性检验	$\lambda_{max} = 3.0385$，CR = 0.0332 < 0.1			

表 5-52 排矸设备效果相对性两两判断矩阵及相对权重向量

D-C_{32}	D_{321}	D_{322}	$w(3, 2)$
D_{321}	1	7	0.8750
D_{322}	1/7	1	0.1250
一致性检验	二阶判断矩阵总是一致的		

表 5-53 支护设备效果相对性两两判断矩阵及相对权重向量

D-C_{33}	D_{331}	D_{332}	$w(3, 3)$
D_{331}	1	5	0.8333
D_{332}	1/5	1	0.1667
一致性检验	二阶判断矩阵总是一致的		

表 5-54 运输设备效果相对性两两判断矩阵及相对权重向量

D-C_{34}	D_{341}	D_{342}	$w(3, 4)$
D_{341}	1	7	0.8750
D_{342}	1/7	1	0.1250
一致性检验	二阶判断矩阵总是一致的		

表 5-55 班组管理效果相对性两两判断矩阵及相对权重向量

D-C_{41}	C_{411}	C_{412}	C_{413}	$w(4, 1)$
C_{411}	1	4	3	0.6144
C_{412}	1/4	1	1/3	0.1172
C_{413}	1/3	3	1	0.2684
一致性检验	$\lambda_{max} = 3.0735$, $CR = 0.0634 < 0.1$			

表 5-56 管理制度效果相对性两两判断矩阵及相对权重向量

D-C_{42}	C_{421}	C_{422}	C_{423}	$w(4, 2)$
C_{421}	1	1/3	1/5	0.1047
C_{422}	3	1	1/3	0.2583
C_{423}	5	3	1	0.6370
一致性检验	$\lambda_{max} = 3.0385$, $CR = 0.0332 < 0.1$			

表 5-57 质量目标相对性两两判断矩阵及相对权重向量

D-C_{51}	D_{511}	D_{512}	$w(5, 1)$
D_{511}	1	5	0.8333
D_{512}	1/5	1	0.1667
一致性检验	二阶判断矩阵总是一致的		

表 5-58 进度目标相对性两两判断矩阵及相对权重向量

D-C_{52}	D_{521}	D_{522}	$w(5, 2)$
D_{521}	1	1/5	0.1667
D_{522}	5	1	0.8333
一致性检验	二阶判断矩阵总是一致的		

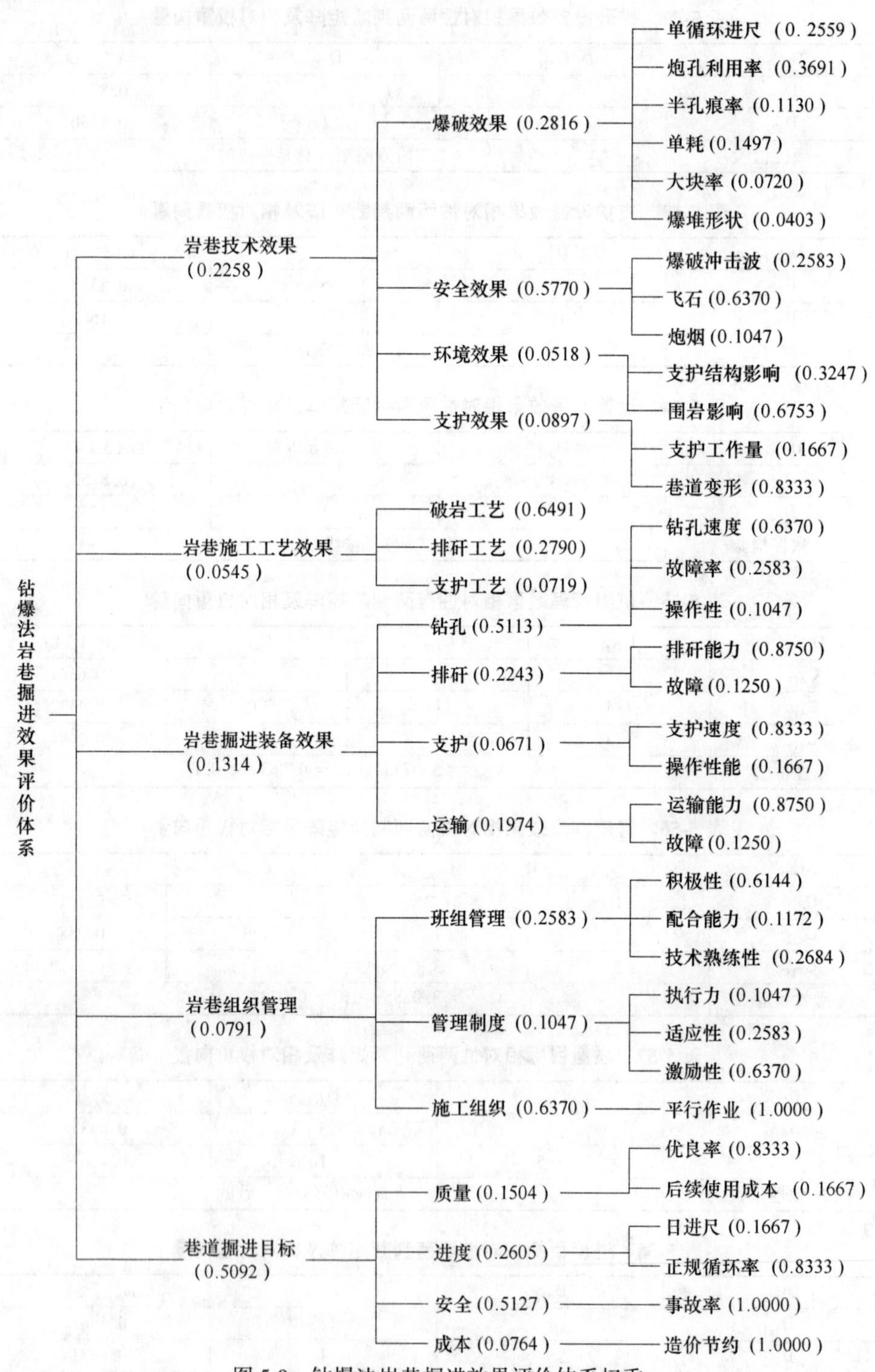

图 5-9 钻爆法岩巷掘进效果评价体系权重

5.4　钻爆法岩巷快掘经济效益分析

钻爆法岩巷快掘技术的推广，离不开快掘技术推广带来的经济效益，经济效益越好，岩巷快掘技术的推广就越顺利。要研究岩巷快掘的经济效益，首要前提是了解岩巷掘进施工的费用构成，只有这样才能为岩巷掘进的快掘效益的分析打好基础。

5.4.1　岩巷工程造价构成

5.4.1.1　建筑工程造价理论构成

列宁指出："价格是价值规律的表现，价值是价格的规律，即价格现象的概括表现。"所以说，造价的形成过程与其价值形成的过程是同步的，如图 5-10 所示。

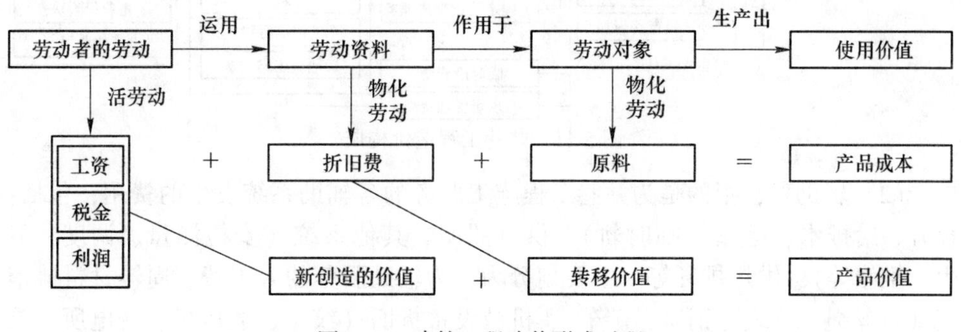

图 5-10　建筑工程造价形成过程

5.4.1.2　井巷工程造价构成

按照《煤炭建设井巷工程消耗量定额》(2007 基价)、《煤炭建设井巷工程辅助费综合定额》(2007 基价)、《煤炭建设工程费用定额及造价管理有关规定》，井巷工程的造价构成如图 5-11 所示。

根据井巷工程造价构成，我们可以得出巷道工程费用的构成。先从直接费说起，直接费包括：直接工程费、井巷工程辅助费、措施费三项（主要按照工序划分）。

(1) 直接工程费，指的是直接进行掘砌作业的费用。包括：掘进（打孔、放炮、装岩、防尘及清理工作面等），砌筑或者锚喷支架等支护（清理浮矸、冲洗岩帮、打锚杆孔、安装锚杆、钢筋网、砌碹、充填、架设支架等）。主要分为：直接发生的人工费（掘、砌、锚、出矸人工）、材料费（钻头、钎子、炸药、雷管）、机械使用费（耙矸机、喷浆机、气腿式凿岩机、风镐等）。

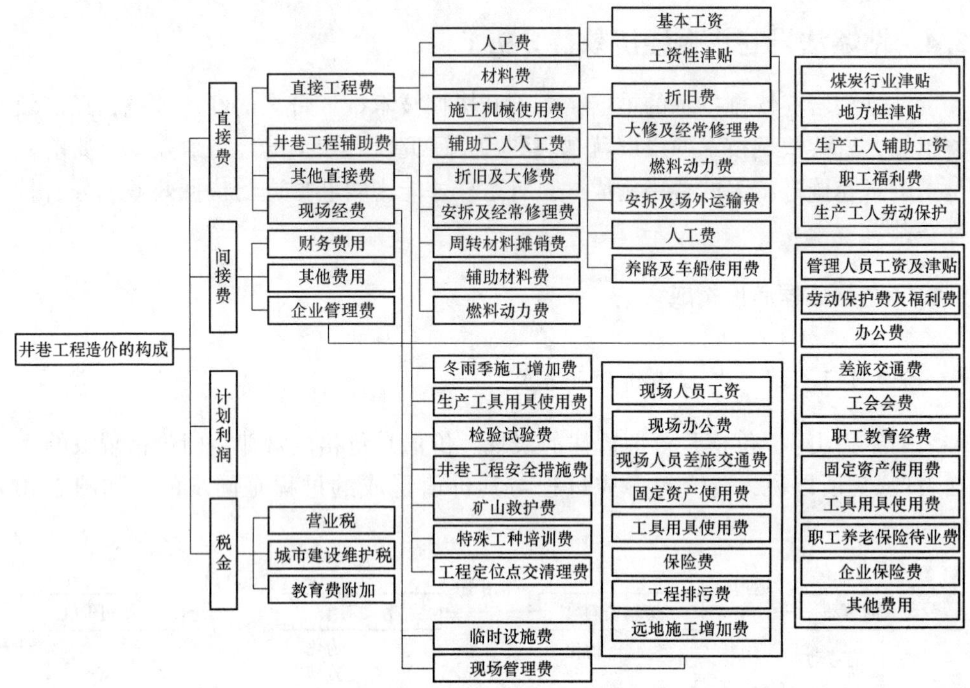

图 5-11 井巷工程造价构成

(2) 辅助费，指的是为井巷工程施工服务的各辅助系统发生的费用，包括：提升、给排水、运输（临时轨）、供电照明、其他系统（安检测量、调度、卫生、维修等）、供热排矸等。主要划分为：为辅助服务的人工费、周转材料摊销费（钢丝绳、管线、钢轨、矿车）、机械设备折旧（绞车、通风机、变电所、泵等）、经修、动力费（电）。辅助费因为不构成工程实体，本质上是措施费的一种，但由于费用比重较高，因此允许列为直接工程费，单独出现定额。

(3) 技术措施费在井巷工程中发生较少，主要为土建工程设置，矿建暂时没有采用（现煤炭定额定义为生产服务台班、临时性建筑、安装、设备运输工程，就是所谓的凿井措施费），这项费用一般在建井初期发生，二三期岩巷基本不再投入。

(4) 组织措施费与土建相同，主要为临时设施、环保安全文明、冬雨季施工、夜间施工等，与土建定额相同，各项不好计量的杂费。

(5) 取费标准，井巷工程是按照定额直接费为基数进行企业管理费、组织措施费、利润的计取。这点与其他定额不同，并且定额基价数年不变，因此取的管理费基本上是固定的。价差只参与取规费税金。

5.4.1.3 岩巷工程造价的计算原理

岩巷工程造价是以“量”和“价”共同构成。“量”即是岩巷工程的工程量，工程量的计算是基础和根本。这里我们提到的“量”的概念主要包括两方面的内容：工程量的计算规则和工程量中工、料、机的消耗。对于工程量的计算规则，严格按照统一的井巷工程规定的计算方法进行；对于工料机的消耗，也叫分项工程消耗量定额，它是岩巷工程进行工程计价的基础，对于某条巷道来讲，可以被看作是分部工程，那么岩巷掘进施工的掘、支、装、运等环节都可以视为分项工程。要按照工程量“价”是分项工程的单价，就目前来看，分项工程的单价确定的方法主要有两种：工料机单价法和综合单价法。国际上普遍采用的是综合单价法。综合单价法不仅仅是分项工程中工料机消耗所形成的费用，还包括其他费用：有关文件规定的调价、材料差价、利润税金、风险准备金等全部费用。

所以，本章对岩巷工程的造价工料机单价法进行确定分项工程单价，其不仅计算简单，更容易理解和掌握，而且对于岩巷快掘和普掘对节约造价方面的作用大小可以更清晰。其计算公式为：

$$FDJ = \sum GR \times GZ + \sum CX \times CJ + \sum JX \times JJ \tag{5-4}$$

式中 FDJ——分项工程工料机单价；

GR——各个分项工程人工工日消耗；

GZ——日工资；

CX——各个分项工程中材料消耗量；

CJ——材料单价；

JX——各个分项工程机械消耗量；

JJ——各个机械台班单价。

将工料机单价与相应的工程量相乘后求和，得到岩巷工程的直接费用，再以此为基数计算岩巷工程的间接费、利润和税金，最后将这四部分相加就得到了岩巷工程造价。即：

$$ZJ = \sum FDJ \times FGL + \text{间接费} + \text{利润} + \text{税金} \tag{5-5}$$

式中 ZJ——总造价；

FGL——分项工程工程量。

5.4.2 岩巷掘进普掘和快掘效益对比

岩巷快掘施工比普掘施工带来的经济效益，主要表现在由于技术水平的提高，带来工人的劳动效率提高，新成型技术带来巷道周边成型更好、打孔时间减少，减少喷浆量和提高材料利用率等优势。岩巷工程快掘不仅带来造价或投资的节省，同时还有缩短工期带来的工期效益。

岩巷施工之前，已经做好岩巷掘进的预算，也就是说以预算价格为基础，根据工程实际变化在适当调整的情况下，对完成巷道验收进行拨付工程款。

假设对同一条岩巷，原施工方案为平均月进尺 xm，而采用新技术方案后为平均月进尺为 ym，y 大于 X。

原方案掘进 xm，人、材、机消耗量：A 为各个工种人工工日，B 为各种材料消耗量，C 为各种机械消耗台班。则每米岩巷的人、材、机的消耗量可以计算出来，对于原方案其人、材、机消耗分别为 A/x、B/x、C/x。

对于岩巷快速掘进来讲，根据不同的方案情况，带来的效果肯定不同，也就是说，不同的实际情况，快掘施工的途径也有所不同，这就导致了快掘的经济效益不同。通过前面的分析，岩巷工程的造价或效益都是以人、材、机的消耗为基本的计算基数。对于不同的情况下，如果是按照巷道月进尺的人、材、机的比较可能会出现人、材、机消耗相当或者新技术应用后人、材、机的消耗要超过原方案，这时如果是以月进尺的人、材、机消耗来计算造价是不合适，不能够体现新技术在造价节省方面的优势。所以，我们以单位巷道即每米岩巷所消耗的人、材、机来作为比较的指标。

（1）造价节省计算公式。根据岩巷工程造价的计算原理可知，要进行岩巷工程普掘和快掘效益的对比分析，首先应该计算它们各自的工程量，对于岩巷普掘和快掘其工料机单价是不变的，造价或费用随“量”而变。根据公式（5-1）和公式（5-2），单纯从造价构成来看，岩巷快掘施工与普掘施工的造价的变化可用公式（5-3）和公式（5-4）表示（每米岩巷各个指标的变化值总是以普掘值减去快掘值）。

$$\Delta FDJ = \sum \Delta GR \times GZ + \sum \Delta CX \times CJ + \sum \Delta JX \times JJ \tag{5-6}$$

$$\Delta ZJ = \sum \Delta FDJ \times FGL + \Delta \text{间接费} + \Delta \text{利润} + \Delta \text{税金} \tag{5-7}$$

式中　ΔFDJ——分项工程工料机单价变化值；

ΔGR——分项工程人工工日变化值；

ΔCX——材料消耗变化值；

ΔJX——机械台班消耗变化值；

其余符号意义同前。

（2）人工工日消耗。人工工日的消耗，应以分项工程的施工工序为对象来提取。对于岩巷掘进工程来讲主要的人工工日消耗有：钻孔、爆破、支护、耙矸、运输工作工日的消耗，以及其他零星工程的工日消耗。

（3）机械消耗。机械台班使用费，一般分为不变费用和可变费用。第一类费用主要包括折旧及摊销费、辅助材料及维修费、其他费用。第二类费用取决于在施工中的使用情况，此种费用只在机械使用的过程中才会发生，主要包括：机上人员工资、燃料动力费、牌照税及养路费。要计算机械台班使用费先得计算出台班消耗量。

（4）材料消耗。岩巷掘进工程中，支护工作中支护材料的消耗是重中之重。喷射混凝土都是按照一定的配合比进行配料。所以，喷浆量的消耗以水泥、砂子、石子的消耗，以及钢筋网、锚杆锚索、锚固剂的消耗为主。

5.4.3 工期效益

岩巷快掘施工的工期效益主要表现为两个方面，第一是工期提前而带来的生产提前，从而引起效益的提前产出；第二是由于提前投产，产生效益可以提前清还和减少资金成本而产生的效益。因此，工期控制效益就是工期效益与工期成本之间的差额，也就是工期成本效益，本书仅对井巷工程建设阶段的工期控制效益进行研究。

（1）工期效益分析。

1）工期变化对资金成本的影响。岩巷工程建设投资，对于新建矿井来讲，主要来源于自有资金和借入资金，而对于已经出煤的煤矿，其开拓巷道等的资金来源一般为自有资金。对于自有资金来讲，资金投入到巷道开拓后，就要产生放弃使用这部分资金的机会成本；而对于借入资金来讲，就要求支付利息，本质都是资金的使用成本，根据工程投资的构成，这部分费用都应计入总投资额。总工期是一个时间因素，上节单纯从造价的范畴内进行了单个时间段内岩巷快速掘进施工对投资的影响，可以说是纯静态投资分析，但是岩巷工程，尤其是重要的运输巷道等一般建设工期都很长，因此考虑资金的时间成本，投资总额可以采用复利法计算。对于岩巷工程的建设资金的支付一般是分年非等额支付，所以，其公式为：

$$F = \sum_{k=1}^{n_0} P(1+i)^{n_0-k} \tag{5-8}$$

式中，F 为工程完工时支付的工程造价本利和，是工程建设总投资额；P 为建设资金的现值，是计划工期内第 k 年的投资额；i 为年利率；n_0 为计息期，即岩巷施工计划总工期。

当岩巷掘进施工工期发生变化时，若提前 Δn 年完工，实际工期为 n，即 $n = n_0 - \Delta n$。为更准确地表示工期效益，我们把岩巷掘进带来的工期效益的计算终点设为 n_0，则由于工期变化引起的投资总额的变化可表示为：

$$\Delta F = \left| (1+i)^{\Delta n} \cdot \sum_{k'=1}^{n_0-\Delta n} P' \ (1+i)^{n_0-\Delta n-k'} - \sum_{k=1}^{n_0} P \ (1+i)^{n_0-k} \right| \tag{5-9}$$

式中，ΔF 为实际工期变化对成本的影响；P' 为实际工期为 n 年时第 k' 年的投资额。

由式（5-6）可知，总工期延长一年，投资成本总额将增加较大；相反，总工期提前一年，投资成本的减少也是较大的，可见总工期的变化对投资成本总额有很大的影响。

2）工期变化对产煤效益的影响。假设实际工期比预算或标准施工期（或合同工期）提前 Δn 年，其他巷道如期竣工，并最终投产，年平均出煤为 Qt，每吨原煤的利润为 p。假设煤炭销售都是在年末统一进行，则在 Δn 年内，提前销售煤炭产生的经济效益为：

$$\Delta F' = \frac{pQ[(1+i)^{\Delta n} - 1]}{i} \tag{5-10}$$

（2）综上所述，由于岩巷快掘施工的应用，工期提前使得建设资金或投资成本减少和提前出煤获得销售收益，所以使用岩巷快掘施工产生的经济效益为：

$$F = \left| (1+i)^{\Delta n} \cdot \sum_{k'=1}^{n_0-\Delta n} P'(1+i)^{n_0-\Delta n-k'} - \sum_{k=1}^{n_0} P(1+i)^{n_0-k} \right| + \frac{pQ[(1+i)^{\Delta n} - 1]}{i} \tag{5-11}$$

6 项目实证研究

6.1 项目背景

（1）围岩情况。某矿轨道大巷现已掘至 P_{94} 号点前 98m 处，地层层位为 11 号煤，掘进 500m 将穿过 11 号煤，直至进入 11 号煤底板高岭土泥岩，所经煤、岩层详述如下：

9 号煤厚约 1.0m，伪顶为 0.3m 左右的黑色页岩，性脆，老顶为 5.6m 左右的 K2 灰岩，致密坚硬，裂隙溶洞发育，充填方解石脉，抗压强度 94MPa。

10 号煤厚约 1.3m，不含夹石，10 号煤顶板为黑灰色页岩，厚约 4.3m，性脆，含黄铁矿结核，抗压强度 38.9MPa。10 号煤底板为黑灰色页岩，厚约 0.8m，性脆，抗压强度为 38.9MPa。

11 号煤厚约 4.45m，含 4～6 层夹矸，其底板为灰白色高岭土泥岩，性脆，有遇水变软膨胀之特性，易底鼓，抗压强度 14.7MPa。

迎头距井底车场 1km，料车运输路线：地面→西沟材料斜井→井底车场（或地面→3 号副斜井→3 号井井底车场）→轨道大巷→工作面；渣车运输路线：工作面→880 轨道大巷→3 号井井底车场→3 号副斜井→地面。

（2）巷道断面参数如表 6-1 所示。

表 6-1 半圆拱形断面参数

<table>
<tr><td rowspan="2">项目</td><td colspan="2">宽 度</td><td colspan="2">高 度</td><td colspan="2">断面积</td><td>支护形式</td></tr>
<tr><td>掘</td><td>净</td><td>掘</td><td>净</td><td>掘</td><td>净</td><td rowspan="3">锚杆、锚索、钢筋托梁、网、喷混凝土联合支护
架棚、喷混凝土联合支护</td></tr>
<tr><td>单位</td><td>m</td><td>m</td><td>m</td><td>m</td><td>m^2</td><td>m^2</td></tr>
<tr><td>数量</td><td>5.3</td><td>5.0</td><td>4.15</td><td>4.0</td><td>19.0</td><td>17.3</td></tr>
</table>

（3）主要施工参数（原方案）如表 6-2 所示。

表 6-2 施工参数

项 目	数 量	项 目	数 量
炮孔个数	78	劳动组织	三八制

续表 6-2

项　目	数　量	项　目	数　量
掏槽形式	楔形	爆破工艺	全断面二次爆破
掏槽孔个数	4	孔痕率	20%
装药量	73kg	日进尺	3m
炮孔深度	2. 0m	月进尺	60m
炮孔利用率	80%～85%		

（4）支护参数。拱顶采用 ϕ20mm×2. 2m 的左旋无纵筋螺纹钢树脂锚杆，矩形布置，间排距为 800×800mm，拱顶锚杆为“九根、九根”矩形布置。两帮采用 ϕ20mm×1. 8m 的螺纹钢锚杆，两帮锚杆每排各打两根，成矩形布置，间排距为 800×800mm，支护做法如图 6-1 所示。

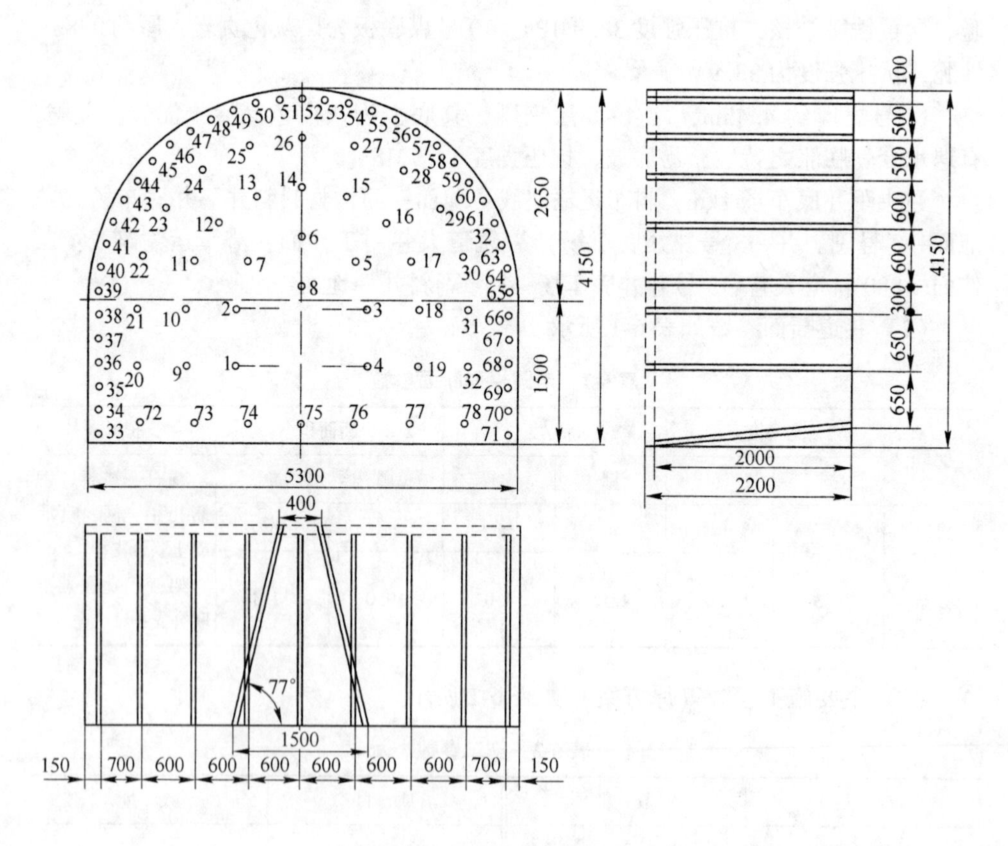

图 6-1　原炮孔布置图

6.2 原因及对策分析

6.2.1 原因分析

通过矿上原方案的实施情况来看，月进尺只能保持在50m左右，主要表现为正规循环率只有50%左右；通过调查分析，主要有5方面的原因导致轨道巷的月进尺很低。

（1）炮孔利用率低，只有80%左右，主要是掏槽技术落后，没能形成较深进尺，为其他炮孔提高充分的自由面。爆破方案需整体优化。

（2）支护技术较落后，支护参数较保守，使支护参数能够满足安全需要的前提下，支护时间有较大缩短。

（3）凿岩机械较落后，凿岩组织安排不合理，导致钻孔工作时间较长，对正规循环不利。

（4）出矸时间过长，由于后路运输矿车调度供应跟不上及耙矸机功率小，导致岩巷内积矸严重，影响到后续工作的进行。

（5）组织管理较混乱，班组管理制度不严格健全，没有建立完善的激励制度，工人积极性不高。

通过分析可知，轨道巷的钻爆法速度不快的原因如图6-2所示。

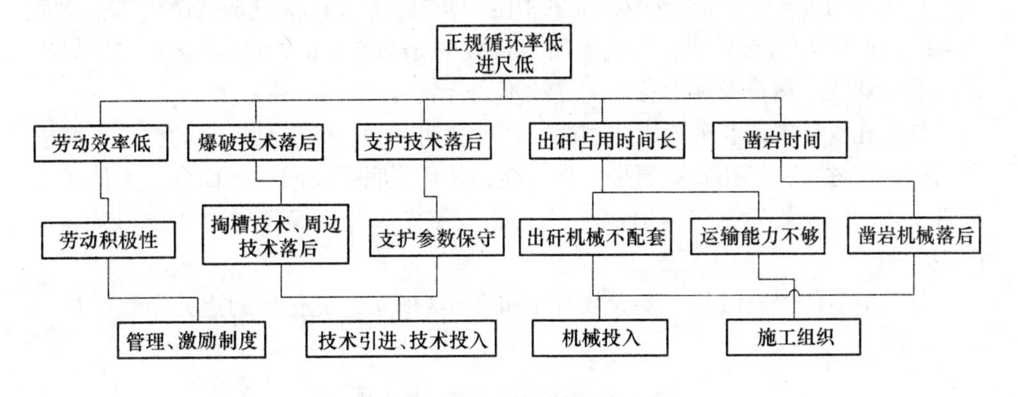

图6-2 因子层级分析

6.2.2 对策分析

针对轨道巷钻爆法速度不快的原因和层次分析的结果，提出针对性的措施。

（1）制定合理的管理制度，尤其是管理制度要健全。为进行岩巷快掘施工，某矿制定了《某矿轨道巷快速施工管理制度（试行）》，其中包括较详细的安全、质量管理规定，并且对激励制度也有详细的规定：确定基准月进尺，在此基础上每提高 1m 奖励 x 万元，提高工人的劳动积极性。

（2）与高校专业研究团队合作，加大科研投入，在爆破和支护方面引进新技术，提高掏槽效率和炮孔利用率，改进支护工艺和掘进工艺。

（3）通过合理的设备选型，使得凿岩设备、支护设备、出矸设备、运输设备能够配套，提高生产效率，在此基础上，通过技术、设备、制度投入预测月进尺情况，为施工决策提供支持。

（4）通过对轨道巷采用新技术，利用建立的评价模型，对快掘技术进行评价，提出进一步改进措施。

6.3 施工方案设计

6.3.1 爆破技术方案的确定

针对原方案炮孔利用率低、成型差的问题，决定采用复式楔直复合掏槽，掏槽区包括四对掏槽孔、三对辅助掏槽孔、一对中心孔共 16 个炮孔。

掏槽孔、辅助掏槽孔的斜深为 2.4 m，垂直深度为 2.3 m，中心孔深度要求为 2.4 m，其他炮孔的垂直深度要保证不能低于 2.2 m。掏槽孔的角度控制在 68°，辅助掏槽角度控制在 72°，保证掏槽孔的孔底距在 200 mm，保证掏槽深度和进尺要求，为其他孔的爆破提供良好条件。

打孔采用 L = 2.5 m、ϕ 22 mm 的中空六角钎杆，YT-28 气腿式凿岩机，钻头为 42 mm 一字硬合金钻头，炸药规格为 ϕ 32 mm×200 mm（200 g/卷）二级煤矿许用乳化炸药，掏槽及辅助孔采用连续不耦合装药。

周边孔直接决定巷道轮廓成型的好坏，孔间距和装药量是控制的要点，周边孔间距不宜过大，打孔质量要平、直、准，并且孔底要在同一平面内，不使用切缝管，孔间距一般为 300~450mm。周边孔按照光爆理论确定周边孔装药量和孔间距。

优化前后的爆破效果主要参数对比如表 6-3 所示，优化后的炮孔布置图如图 6-3 所示。

表 6-3 爆破效果主要参数对比

项目名称	单循环进尺/m	炮孔利用率/%	炸药单耗/kg·m^{-3}	周边打孔时间/min	雷管消耗/个·m^{-3}	喷浆量消耗/m^3·m^{-1}	钢筋网消耗/m^2·m^{-1}	喷浆时间消耗/min	辅助作业时间消耗/min·m^{-1}	大块率/%
原方案	1.7	85	1.90	138	2.34	2.81	8.635	75	58	15
优化方案	2.1	95	1.51	138	1.80	1.66	8.321	60	46	5

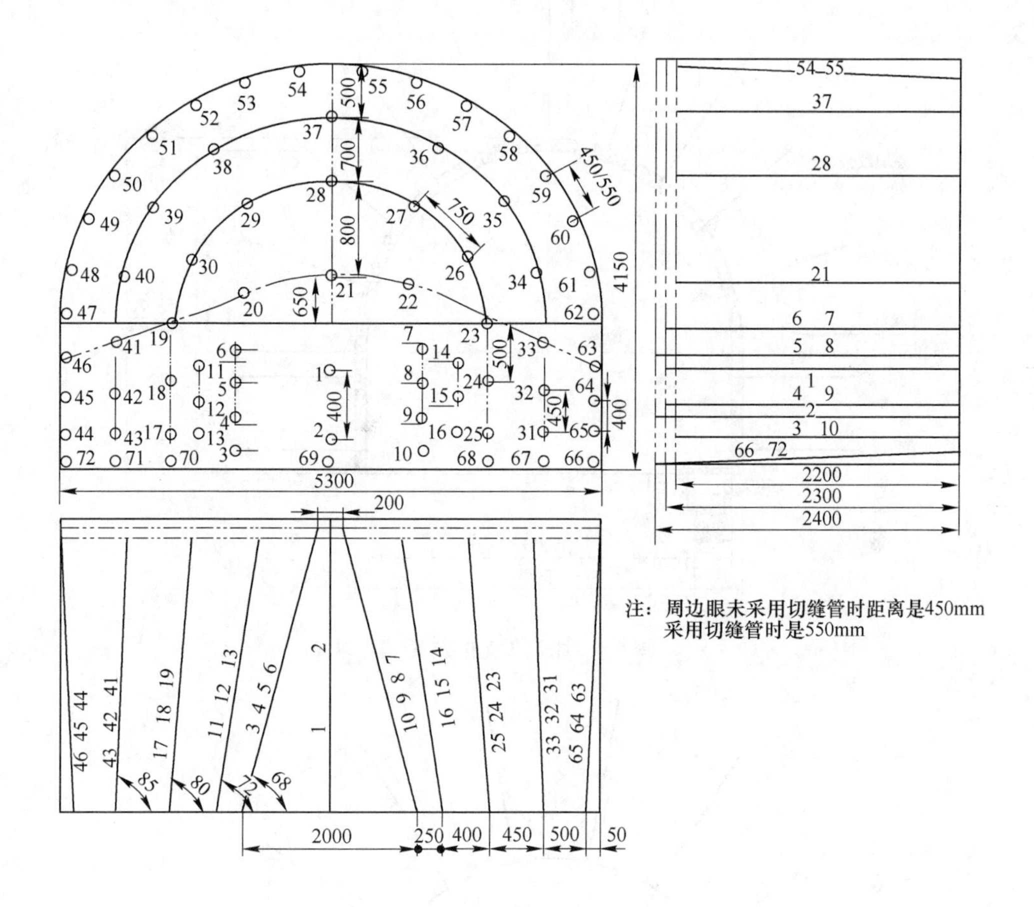

图 6-3 优化后炮孔布置图（单位：mm）

6.3.2 支护方案的确定

从 FLAC^{3D}计算结果分析中可以得出，880 轨道巷原始支护方案强度过高，图 6-4 为原永久支护，可以考虑适当减弱支护强度，优化后的方案为图 6-5：巷道顶板锚杆选用 ϕ20mm×2200mm 的左旋无纵筋螺纹钢树脂锚杆，间距 1000mm，排距 1000mm；帮部锚杆选用 ϕ20mm×2200mm 的左旋无纵筋螺纹钢树脂锚杆，间距 700mm，排距 1000mm，最上排锚杆距底板 1100mm。

通过实验巷道变形实际情况和矿压观测结果发现，优化后方案巷道变形较小，支护强度有较大的降低，所以最终确定轨道巷优化支护方案以优化后方案为准。

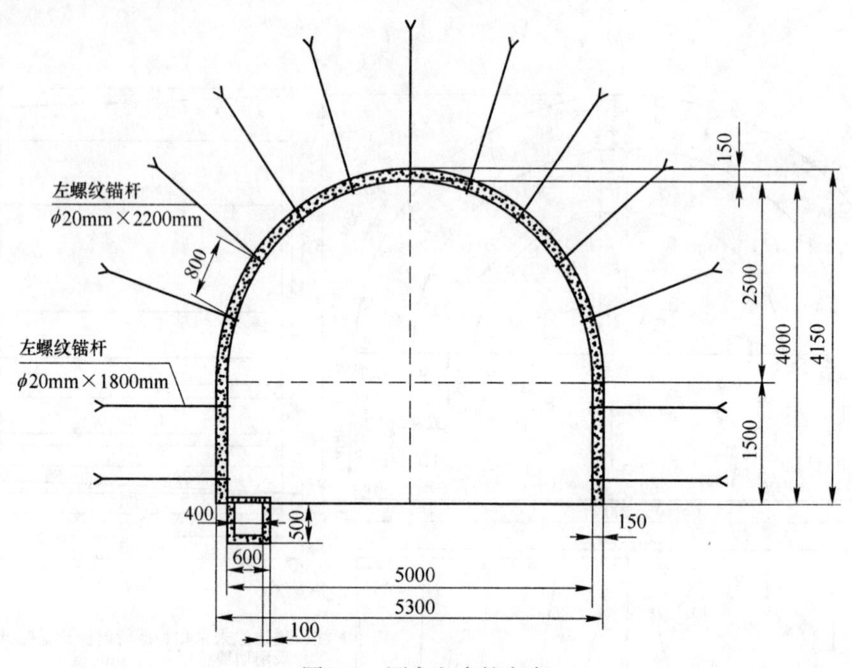

图 6-4　原永久支护方案

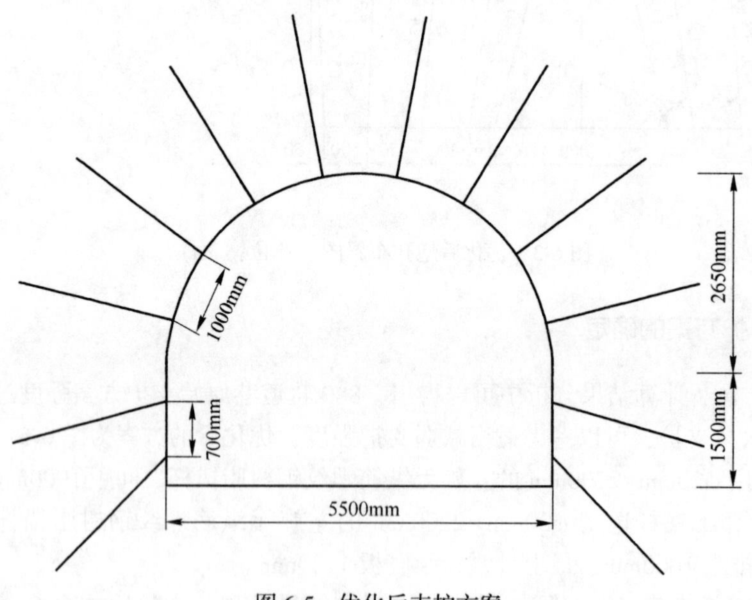

图 6-5　优化后支护方案

6.3.3　施工机械化配套方案的确定

按照煤矿企业的要求，轨道巷实行快掘后速度由原来的 45m 左右，提高一倍以上，才能满足矿方要求。根据第3章建立的数学规划模型，我们可以确定岩巷快掘施工的机械化设备的配置。利用管理运筹学软件2.0版（韩伯棠编著《管理运筹学》的随书软件）的线性规划子模块进行岩巷快掘的机械化选型。以装岩分系统的配套方案的选择为例进行求解，如图6-6所示。

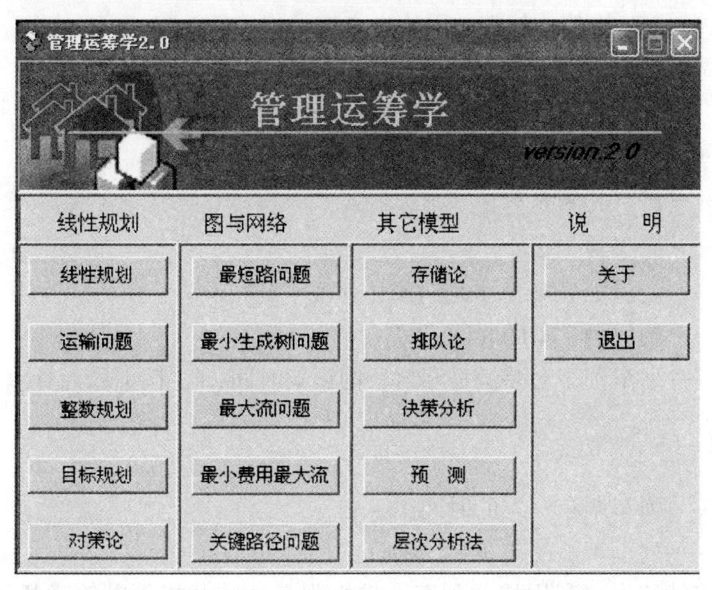

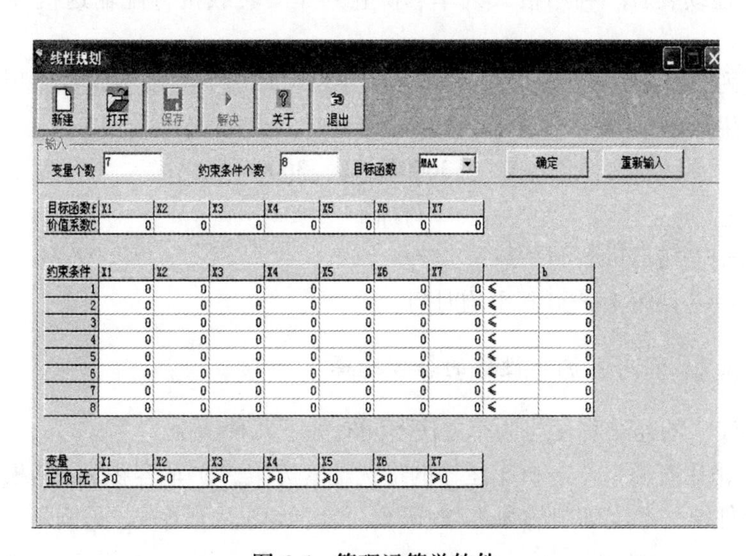

图6-6　管理运筹学软件

6.3.3.1　装岩调车的平均生产率

选择装岩、调车、运输系统最优配套方案时，为了优选设备，需先求出装岩调车的平均生产率。

按装岩的连续程度不同，分为 2 种类型进行计算。

(1) 用机车牵引普通矿车运输，因调车影响，装岩为非连续工作。

此处所指的运输系掘进工作面后部的短距离运输。装岩、调车、运输三者既相互影响，又相互依赖，他们的平均生产率是相等的。

装岩调车运输的生产率：

$$\bar{x}_{12} = \frac{3600x_{10}k_1}{x_7x_{10} + x_{14} + x_{16}}$$

式中 k_1——矿车装满系数；

x_{10}——矿车容积，m^3；

x_7——装满 $1m^3$ 矿车平均时间，$s/(m^3$ 车)；

x_{14}——调一辆矿车的时间，s；

x_{16}——列车调车对装满一车岩石的影响时间，s，按下式计算：

$$x_{16} = \frac{t_0}{x_{15}}$$

t_0——列车调车一次的时间，s；

x_{15}——列车牵引的矿车数，辆。

(2) 连续装岩。利用梭式列车、矿仓列车、转载机等配输送机等设备调车运输。

梭式列车或矿仓列车的有效容积不小于每循环爆下的最多岩石体积时，装岩调车平均生产率：

$$\bar{x}_{12} = \frac{3600k_1x_{10}}{x_7x_{10}} = \frac{3600k_1}{x_7}$$

式中 k_1——输送机装满系数；

x_7——耙运 $1m^3$ 矸石平均时间。

6.3.3.2 装岩、调车设备的合理选择

根据装岩的连续程度与调车方法不同有如下几种情况。

(1) 采用普通矿车与机车运输的最优配套方案。矿车容积 x_{10} 是根据井下巷道施工条件统一考虑确定的为 1T 的矿车。装岩调车生产率 x_{12} 是满足平均月进尺 90m 要求按凿、装、支时间合理分配后确定的 $x_{12} = 38m^3/h$。按 $\bar{x}_{12} \geqslant x_{12}$，以及 x_7、x_{14}、x_{16} 各有其取值范围，以 $x_{10} = u_1$，$x_{12} = p_2$，则所得数学模型为：

求一组变量 x_7、x_{14}、x_{16}。

满足约束条件：

$$\begin{cases} p_2u_1x_7 + p_2x_{14} + p_2x_{16} \leqslant 3600u_1k_1 \\ 0 < x_{7\min} \leqslant x_7 \leqslant x_{7\max} \\ 0 < x_{14\min} \leqslant x_{14} \leqslant x_{14\max} \\ 0 < x_{16\min} \leqslant x_{16} \leqslant x_{16\max} \end{cases}$$

代入各个已知量 $u_1 = 1.1$、$p_2 = 28.5$，得：

$$\begin{cases} 48.45x_7 + 28.5x_{14} + 28.5x_{16} \leqslant 5202 \\ 40 \leqslant x_7 \leqslant 90 \\ 900 \leqslant x_{14} \leqslant 1200 \\ 100 \leqslant x_{16} \leqslant 150 \end{cases}$$

求目标函数：

$$\min f(X) = C_{x_7\min} + (60 - x_7)\Delta C_{x_7} + C_{x_{14}\min} + (40 - x_{14}) \times \Delta C_{x_{14}} + C_{x_{16}\min} + (60 - x_{16})\Delta Cx_{16}$$

式中　ΔC_{xj} —— x_j 值（j=7，14，16）缩短单位时间，成本的增加值，

$$\Delta C_{xj} = \frac{C_{xj\max} - C_{xj\min}}{x_{j\max} - x_{j\min}} \quad (j=7,\ 14,\ 16)$$

根据计算得：$\Delta C_{x7} = 2/3$，$\Delta C_{x14} = 1/30$，$\Delta C_{x16} = 1/20$；$C_{x_7\min} = 19$，$C_{x_{14}\min} = 11$，$C_{x_{16}\min} = 12$。

通过分析，用单纯形法求解得：$x_7 = 50\mathrm{s}/(\mathrm{m}^3$ 车$)$，$x_{14} = 960\mathrm{s}$，$x_{16} = 120\mathrm{s}$。

可选设备如表 6-4 所示，当采用蓄电机车加矿车进行矸石的运输时，用求得的 x_7 值选装岩设备为 P90B 装岩机，用 x_{14} 值选调车设备为 8T144V 有级调速电机车，用 x_{16} 值求 30 辆 1T 矿车作为运输设备，就能够满足施工的需要。

表 6-4　可选设备名称

可选设备名称	型　号	能　力	指　标
耙岩机	P90B	0.9m³	40s
	P60B	0.6m³	60s
电瓶机车	8T，132V	6.2	1161s
	8T，140 V	7.5	960s
	8T，144 V	7.8	923s
矿车	MG1.1-6A	1.1m³	若干

（2）连续装岩的配套方案。

用转载机转载与输送机运输，数学模型为 x_4、x_7，满足约束条件：

$$\begin{cases} p_2 x_7 \leqslant 3600k_1 \\ x_4 x_7 \geqslant 3600k_1 \\ x_{4\min} \leqslant x_4 \leqslant x_{4\max} \\ x_{7\min} \leqslant x_7 \leqslant x_{7\max} \end{cases}$$

代入 $p_2 = 28.5$、$k_1 = 0.85$ 得：

$$\begin{cases} x_7 \leqslant 107 \\ x_4 x_7 \geqslant 3060 \\ 29 \leqslant x_4 \leqslant 40 \\ 40 \leqslant x_7 \leqslant 90 \end{cases}$$

目标函数：

$$\min f(X) = C_{x_7\min} + (x_{7\max} - x_7)\Delta C_{x_7} + C_{x_4\min} + (x_4 - x_{4\min})\Delta C_{x_4}$$

式中 x_4——装载机与输送机的转载、运输能力，m^3/h；

ΔC_{x_4}——增加单位运输能力，成本的增加值，

$$\Delta C_{x_4} = \frac{C_{x_4\max} - C_{x_4\min}}{x_{4\max} - x_{4\min}}$$

通过矿上提供的数据得：$\Delta C_{x_4} = 7/12$，$\Delta C_{x7} = 2/3$；$C_{x_7\min} = 19$，$C_{x_4\min} = 6$。

上式是非线性规划，因是二维问题，目标函数又是线性的，故可用图解法直接求解，得到 $x_4 = 38m^3/h$，合计为 100T/h，SJ-80 型输送机的运输能力为每小时 400T，不小于 x_4，所以使用矿上的输送机设备就行。

出渣运输方案的选择：最后综合考虑，应用皮带输送机的故障率较高，还需要重新购买新设备，投资增加，同时使用皮带容易受到总体皮带运输的影响，在满足使用要求的前提下，达到费用最省，应选择使用 P90 型耙岩机+8T-144V 有级调速电机车+（30 辆）矿车的装岩运输配套方案。

6.3.3.3 机械化配套方案的选定

通过第 3 章提供的线性规划模型，根据实际情况最后选定采用 YT29 型气腿式凿岩机+MQT120c 锚杆钻机+P90B 耙岩机+8T-144V 有级调速电机车+矿车的机械化配套方案。

6.3.4 钻爆法施工方案的进度预测分析

（1）收集整理并训练样本，训练精度达到要求。

（2）根据第 4 章提供的方法，对轨道巷数据进行工程特征的选取及量化。轨道巷工程特征数据如表 6-5 所示。

根据表 4-2 提供的方法进行量化得到表 6-6，并归一化。

将归一化后的数据代入到已经训练好的样本中，得到预测结果如表6-7所示。

表6-5 轨道巷工程特征

涌淋水	顶板管理难易	裂隙节理发育	岩石的坚固性系数	断面大小/m²	炮孔深度	凿岩孔数	钻孔机械及型号
少许	容易	较发育	9	19	2.3	75	YT-28
掏槽方式	周边孔间距	爆破作业方式	炸药类型	堵塞质量	装药结构	单耗	超欠挖
楔直复合	500	全断面2次	乳化炸药	良好	反向	1.6	50mm
装岩设备型号	锚杆长度	钻孔设备	喷浆厚度	喷浆设备	支护工艺	出矸机械组合	矿车供应
P-90	2.2m	MQT120C和YT28	150	PZ-5	二次锚杆喷浆	耙岩机+矿车	较充足
劳动组织形式	工人的技术水平	平行作业率	工人积极性	班组管理	单班人数		
三八	一般	高	较高	较好	15		

表6-6 工程特征量化及归一化

涌淋水	顶板管理难易	裂隙节理发育	岩石的坚固性系数	断面大小/m²	炮孔深度	凿岩孔数	钻孔机械及型号
2	1	2	9	19	2.3	75	37
0.5000	0.2000	0.5000	0.6500	0.5853	0.6000	0.7056	0.4000
掏槽方式	周边孔间距	爆破作业方式	炸药类型	堵塞质量	装药结构	单耗	超欠挖
3	500	2	2	1	2	1.6	50mm
0.8000	0.2000	0.8000	0.8000	0.5000	0.2000	0.5953	0.3200
装岩设备型号	锚杆长度	钻孔设备	喷浆厚度	喷浆设备	支护工艺	出矸机械组合	矿车供应
95	2.2	8	150	1	2	1	2
0.7000	0.8000	0.6200	0.8000	0.2000	0.5000	0.5000	0.8000
劳动组织形式	工人的技术水平	平行作业率	工人积极性	班组管理	单班人数		
11	2	2	2	2	15		
0.8000	0.5000	0.5000	0.5000	0.5000	0.4400		

表 6-7 轨道巷月进尺预测值

次　数	预测值	次　数	预测值
1	85	12	99
2	91	13	96
3	89	14	85
4	92	15	95
5	95	16	99
6	83	17	97
7	84	18	83
8	82	19	85
9	89	20	101
10	84	平均	90. 45
11	95		

6.3.5 快掘施工效果的综合评价

（1）方案实施后效果。爆破效果如表 6-8 所示，月进尺情况如表 6-9 所示。

表 6-8 爆破效果指标对比

名　称	试验前	试验后	对比情况	备注
单循环进尺	1. 7	2. 1	24%	
炮孔利用率	85%	95%	7%	
炸药单耗	1. 90	1. 77	-0. 13	
周边孔间距	400	500	25%	
周边孔个数	23	19	-4	
大块率	10%	5%	5%	
超挖	150mm	50mm	100mm	
孔痕率	40%	75%	35%	

表 6-9 月进尺效果

名　称	普掘	快掘	预测
月进尺	60	85	90. 45

（2）表 6-8 仅是从技术效果对技术进行数据的定量对比，缺少全面的分析评判。利用第 5 章建立的评价模型对轨道巷的施工效果进行评价，首先得到轨道巷快掘评价准则层各个因素等级及隶属度，如表 6-10～表 6-14 所示。

表 6-10 工艺因素等级及其隶属度

影响因素		等级及隶属度				
		1	2	3	4	5
工艺因素	破岩工艺	0.4	0.8	1	0.2	0
		很先进	先进	较先进	一般	落后
	排矸工艺	0	0.2	0.6	1.0	0.2
		很先进	先进	较先进	一般	落后
	支护工艺	0.2	1.0	0.8	0.4	0
		很先进	先进	较先进	一般	落后

表 6-11 技术因素等级及其隶属度

影响因素		等级及隶属度				
		1	2	3	4	5
爆破效果	单循环进尺	0.2	1.0	0.8	0.2	0
		极高	高	较高	一般	低
	炮孔利用率	0.4	1.0	0.6	0.2	0
		极高	高	较高	一般	低
	半孔痕率	0.2	0.6	1.0	0.2	0
		极高	高	较高	一般	低
	单耗	0	0.2	1.0	0.6	0.2
		低	一般	较高	高	极高
	大块率	0.2	1.0	0.6	0.4	0
		低	一般	较高	高	极高
	爆堆形状	0.4	0.8	1.0	0.4	0
		极好	好	较好	一般	差
安全效果	爆破冲击波危害	0.6	1.0	0.2	0	0
		小	一般	较大	大	极大
	飞石危害	0.8	1.0	0.2	0.2	0
		小	一般	较大	大	极大
	炮烟、粉尘危害	0.4	1.0	0.4	0.2	0
		小	一般	较大	大	极大

续表 6-11

影响因素		等级及隶属度				
		1	2	3	4	5
环境效果	支护结构影响	1.0	0.6	0.4	0.2	0
		小	一般	较大	大	极大
	围岩影响	1.0	0.8	0.6	0	0
		小	一般	较大	大	极大
支护效果	支护工作量	1.0	0.8	0.4	0.2	0
		小	一般	较大	大	极大
	巷道变形	0.2	1.0	0.6	0.2	0.2
		小	一般	较大	大	极大

表 6-12 轨道巷快掘施工效果评价机械因素等级及其隶属度

影响因素		等级及隶属度				
		1	2	3	4	5
钻孔机械效果	钻孔速度	0.2	0.4	1.0	0.8	0.2
		极快	快	较快	一般	低
	钻孔故障率	0.8	1.0	0.4	0.2	0.2
		低	一般	较高	高	极高
排矸机械效果	操作性	0.2	0.8	1.0	0.4	0.2
		非常简单	简单	较简单	一般	复杂
	排矸能力	0.2	0.4	1.0	0.4	0.2
		很强	强	较强	一般	弱
	排矸故障率	0.2	0.4	1.0	0.6	0.2
		很低	低	较低	一般	高
支护机械效果	支护速度	0.6	1.0	0.8	0.4	0.2
		很快	快	较快	一般	低
	操作性能	0.2	0.4	0.6	1.0	0.2
		很好	好	较好	一般	差
运输机械效果	运输能力	0	0.8	1.0	0.4	0.2
		富余	充足	合适	紧张	紧缺
	运输故障	0.2	0.4	1.0	0.8	0.2
		极低	低	较低	一般	高

表 6-13 组织管理因素等级及其隶属度

影响因素		等级及隶属度				
		1	2	3	4	5
班组管理	积极性	0.2	0.8	1.0	0.4	0.2
		很高	高	较高	一般	低
	配合能力	0.2	1.0	0.6	0.4	0.2
		极高	高	较高	一般	低
	技术熟练性	0.2	0.8	1.0	0.4	0.2
		极高	高	较高	一般	低
管理制度	执行力	0.2	0.6	1.0	0.8	0.2
		很好	好	较好	一般	差
	适应性	0.4	0.8	1.0	0.4	0
		很强	强	较强	一般	低
	激励性	0.4	1.0	0.6	0.4	0.2
		很强	强	较强	一般	低
施工组织	平行作业	0.2	0.4	1.0	0.8	0.2
		极高	高	较高	一般	低

表 6-14 施工目标因素等级及其隶属度

影响因素		等级及隶属度				
		1	2	3	4	5
质量	优良率	1.0	0.8	0.2	0	0
		极高	高	较高	一般	低
	后续使用成本	1.0	0.8	0.4	0	0
		极低	低	较低	一般	高
进度	日进尺	0.4	0.8	1.0	0.4	0
		极高	高	较高	一般	低
	正规循环率	0	0.6	1.0	0.4	0.2
		极高	高	较高	一般	低
安全	事故率	1.0	0.8	0	0	0
		极低	低	较低	一般	高
成本	造价节约	0.8	1.0	0.6	0.4	0.2
		极高	高	较高	一般	低

（3）轨道巷快掘施工综合评价。将某矿西翼轨道快掘施工的最终结果分为：快掘效果很好、快掘效果好、快掘效果较好、快掘效果一般、快掘效果差五级，相应的准则层的评价结果也为很好、好、较好、一般、差。具体应用 AHP-Fuzzy 综合评价法，对轨道巷的施工进行综合评判。

1）技术因素准则层评价结果。根据表 6-11 的各个指标进行归一化处理，得到了爆破效果、安全效果、环境效果、支护效果的单因素等级评判矩阵如下：

$$\boldsymbol{R}_1 = \begin{bmatrix} 0.091 & 0.455 & 0.364 & 0.091 & 0.000 \\ 0.182 & 0.455 & 0.273 & 0.091 & 0.000 \\ 0.100 & 0.300 & 0.500 & 0.100 & 0.000 \\ 0.000 & 0.100 & 0.500 & 0.300 & 0.100 \\ 0.091 & 0.455 & 0.273 & 0.182 & 0.000 \\ 0.154 & 0.308 & 0.385 & 0.154 & 0.000 \end{bmatrix}$$

$$\boldsymbol{R}_2 = \begin{bmatrix} 0.333 & 0.556 & 0.111 & 0.000 & 0.000 \\ 0.364 & 0.455 & 0.091 & 0.091 & 0.000 \\ 0.200 & 0.500 & 0.200 & 0.100 & 0.000 \end{bmatrix}$$

$$\boldsymbol{R}_3 = \begin{bmatrix} 0.455 & 0.273 & 0.182 & 0.091 & 0.000 \\ 0.417 & 0.333 & 0.250 & 0.000 & 0.000 \end{bmatrix}$$

$$\boldsymbol{R}_4 = \begin{bmatrix} 0.417 & 0.333 & 0.167 & 0.083 & 0.000 \\ 0.167 & 0.417 & 0.250 & 0.083 & 0.083 \end{bmatrix}$$

由图 5-9 得知准则层各个层次指标权重分别为：$w_{(1)} = (0.2816 \quad 0.5770 \quad 0.0518 \quad 0.0897)$，$w_{(11)} = (0.2559 \quad 0.3691 \quad 0.1130 \quad 0.1497 \quad 0.0720 \quad 0.0403)$，$w_{(12)} = (0.2583 \quad 0.6370 \quad 0.1047)$，$w_{(13)} = (0.3247 \quad 0.6753)$，$w_{(14)} = (0.1667 \quad 0.8333)$。

根据公式（5-1）和公式（5-2）得到爆破效果、安全效果、环境效果、支护效果的一级模糊综合评判的向量，记为 $\overline{\boldsymbol{B}}_1$、$\overline{\boldsymbol{B}}_2$、$\overline{\boldsymbol{B}}_3$、$\overline{\boldsymbol{B}}_4$。因此我们得到二级模糊评判矩阵 $\overline{\boldsymbol{R}}$ 为：

$$\overline{\boldsymbol{R}} = \begin{bmatrix} \overline{\boldsymbol{B}}_1 \\ \overline{\boldsymbol{B}}_2 \\ \vdots \\ \overline{\boldsymbol{B}}_m \end{bmatrix} = \begin{bmatrix} \overline{A}_1 & \cdot & \overline{R}_1 \\ \overline{A}_2 & \cdot & \overline{R}_2 \\ & \vdots & \\ \overline{A}_m & \cdot & \overline{R}_m \end{bmatrix} = \begin{bmatrix} 0.1144 & 0.3781 & 0.3602 & 0.1323 & 0.0150 \\ 0.3387 & 0.4854 & 0.1075 & 0.0684 & 0.0000 \\ 0.4290 & 0.3137 & 0.2297 & 0.0295 & 0.0000 \\ 0.2083 & 0.4028 & 0.2361 & 0.0833 & 0.0694 \end{bmatrix}$$

则关于技术效果的总得模糊评判结果为：

$$\begin{aligned} \overline{D}_1 &= w_{(1)} \cdot \overline{\boldsymbol{R}} \\ &= (d_1, d_2, d_3, d_4, d_5) \end{aligned}$$

$$= (0.2816, 0.5770, 0.0518, 0.0897) \cdot \begin{bmatrix} 0.1144 & 0.3781 & 0.3602 & 0.1323 & 0.0150 \\ 0.3387 & 0.4854 & 0.1075 & 0.0684 & 0.0000 \\ 0.4290 & 0.3137 & 0.2297 & 0.0295 & 0.0000 \\ 0.2083 & 0.4028 & 0.2361 & 0.0833 & 0.0694 \end{bmatrix}$$

$$= (0.2685, 0.4389, 0.1965, 0.0857, 0.0104)$$

因为 $d_2 = \max\{d_1, d_2, d_3, d_4, d_5\}$，因此根据最大隶属度原则，判断西翼轨道巷技术效果为好。

2）施工工艺因素准则层评价结果。根据表 6-11 的各个指标进行归一化处理，得到了破岩工艺、排矸工艺、支护工艺效果的单因素等级评判矩阵如下：

$$\boldsymbol{R}_1 = \begin{bmatrix} 0.417 & 0.333 & 0.167 & 0.083 & 0.000 \\ 0.000 & 0.100 & 0.300 & 0.500 & 0.100 \\ 0.083 & 0.417 & 0.333 & 0.167 & 0.000 \end{bmatrix}$$

由图 5-9 知，$w_{(2)} = (0.6491\ 0.2790\ 0.0719)$

$$\overline{D_2} = w_{(2)} \cdot \overline{\boldsymbol{R}}$$

$$= (0.6491\ 0.2790\ 0.0719) \cdot \begin{bmatrix} 0.417 & 0.333 & 0.167 & 0.083 & 0.000 \\ 0.000 & 0.100 & 0.300 & 0.500 & 0.100 \\ 0.083 & 0.417 & 0.333 & 0.167 & 0.000 \end{bmatrix}$$

$$= (0.1142\quad 0.2742\quad 0.3781\quad 0.2056\quad 0.0279)$$

因为 $d_3 = \max\{d_1, d_2, d_3, d_4, d_5\}$，因此根据最大隶属度原则，判断西翼轨道巷工艺效果较好。

3）施工装备因素准则层评价结果。同理，得到了钻孔、排矸、支护、运输装备的单因素等级评判矩阵如下：

$$\boldsymbol{R}_1 = \begin{bmatrix} 0.077 & 0.154 & 0.385 & 0.308 & 0.077 \\ 0.308 & 0.385 & 0.154 & 0.077 & 0.077 \\ 0.077 & 0.308 & 0.385 & 0.154 & 0.077 \end{bmatrix}$$

$$\boldsymbol{R}_3 = \begin{bmatrix} 0.091 & 0.182 & 0.455 & 0.182 & 0.091 \\ 0.083 & 0.167 & 0.417 & 0.250 & 0.083 \end{bmatrix}$$

$$\boldsymbol{R}_3 = \begin{bmatrix} 0.200 & 0.333 & 0.267 & 0.133 & 0.067 \\ 0.083 & 0.167 & 0.250 & 0.417 & 0.083 \end{bmatrix}$$

$$\boldsymbol{R}_4 = \begin{bmatrix} 0.000 & 0.333 & 0.417 & 0.167 & 0.083 \\ 0.077 & 0.154 & 0.385 & 0.308 & 0.077 \end{bmatrix}$$

由图 5-9 得知准则层各个层次指标权重分别为：$w_{(3)} = (0.5113\quad 0.2243\quad 0.0671\quad 0.1974)$，$w_{(31)} = (0.6370\quad 0.2583\quad 0.1047)$，$w_{(32)} = (0.8750\quad 0.1250)$，$w_{(33)} = (0.8333\quad 0.1667)$，$w_{(34)} = (0.8750\quad 0.1250)$

同理我们得到二级模糊评判矩阵 $\overline{\boldsymbol{R}}$ 为：

$$\overline{\boldsymbol{R}}=\begin{bmatrix}\overline{\boldsymbol{B}}_1\\\overline{\boldsymbol{B}}_2\\\vdots\\\overline{\boldsymbol{B}}_m\end{bmatrix}=\begin{bmatrix}\overline{A}_1 & \cdot & \overline{R}_1\\\overline{A}_2 & \cdot & \overline{R}_2\\ & \vdots & \\\overline{A}_m & \cdot & \overline{R}_m\end{bmatrix}=\begin{bmatrix}0.1365 & 0.2296 & 0.3250 & 0.2320 & 0.0769\\0.0900 & 0.1799 & 0.4498 & 0.1903 & 0.0900\\0.1806 & 0.3056 & 0.2639 & 0.1806 & 0.0694\\0.0096 & 0.3109 & 0.4127 & 0.1843 & 0.0825\end{bmatrix}$$

则关于技术效果的总的模糊评判结果为：

$$\begin{aligned}\overline{D}_3&=w_{(3)}\cdot\overline{\boldsymbol{R}}\\&=(d_1,\ d_2,\ d_3,\ d_4,\ d_5)\\&=(0.5113\quad 0.2243\quad 0.0671\quad 0.1973)\cdot\begin{bmatrix}0.1365 & 0.2296 & 0.3250 & 0.2320 & 0.0769\\0.0900 & 0.1799 & 0.4498 & 0.1903 & 0.0900\\0.1806 & 0.3056 & 0.2639 & 0.1806 & 0.0694\\0.0096 & 0.3109 & 0.4127 & 0.1843 & 0.0825\end{bmatrix}\\&=(0.1040\quad 0.2396\quad 0.3662\quad 0.2098\quad 0.0805)\end{aligned}$$

因为 $d_3=\max\{d_1,\ d_2,\ d_3,\ d_4,\ d_5\}$，因此根据最大隶属度原则，判断西翼轨道巷装备效果为较好。

4）组织管理因素准则层评价结果。同理，得到了班组管理、管理制度、施工组织的单因素等级评判矩阵如下：

$$\boldsymbol{R}_1=\begin{bmatrix}0.0769 & 0.3077 & 0.3846 & 0.1538 & 0.0769\\0.0833 & 0.4167 & 0.2500 & 0.1667 & 0.0833\\0.0769 & 0.3077 & 0.3846 & 0.1538 & 0.0769\end{bmatrix}$$

$$\boldsymbol{R}_2=\begin{bmatrix}0.0714 & 0.2143 & 0.3571 & 0.2857 & 0.0714\\0.1538 & 0.3077 & 0.3846 & 0.1538 & 0.0000\\0.1538 & 0.3846 & 0.2308 & 0.1538 & 0.0769\end{bmatrix}$$

$$\boldsymbol{R}_3=[0.0769\quad 0.1538\quad 0.3846\quad 0.3077\quad 0.0769]$$

由图 5-9 得知准则层各个层次指标权重分别为：$w_{(4)}=(0.2583\quad 0.1047\quad 0.6370)$，$w_{(41)}=(0.6144\quad 0.1172\quad 0.2684)$，$w_{(42)}=(0.1047\ 0.2583\ 0.637)$，$w_{(43)}=(1.0000)$。

同理我们得到二级模糊评判矩阵 $\overline{\boldsymbol{R}}$ 为：

$$\overline{\boldsymbol{R}}=\begin{bmatrix}\overline{\boldsymbol{B}}_1\\\overline{\boldsymbol{B}}_2\\\vdots\\\overline{\boldsymbol{B}}_m\end{bmatrix}=\begin{bmatrix}\overline{A}_1 & \cdot & \overline{R}_1\\\overline{A}_2 & \cdot & \overline{R}_2\\ & \vdots & \\\overline{A}_m & \cdot & \overline{R}_m\end{bmatrix}=\begin{bmatrix}0.0777 & 0.3205 & 0.3688 & 0.1553 & 0.0777\\0.1452 & 0.3469 & 0.2837 & 0.1677 & 0.0565\\0.0769 & 0.1538 & 0.3846 & 0.3077 & 0.0769\end{bmatrix}$$

则关于技术效果的总的模糊评判结果为：

$$\overline{D}_4 = w_{(4)} \cdot \overline{\boldsymbol{R}}$$
$$= (d_1, d_2, d_3, d_4, d_5)$$
$$= (0.2583 \quad 0.1047 \quad 0.6370) \cdot \begin{bmatrix} 0.0777 & 0.3205 & 0.3688 & 0.1553 & 0.0777 \\ 0.1452 & 0.3469 & 0.2837 & 0.1677 & 0.0565 \\ 0.0769 & 0.1538 & 0.3846 & 0.3077 & 0.0769 \end{bmatrix}$$
$$= (0.0843 \quad 0.2171 \quad 0.3700 \quad 0.2537 \quad 0.0750)$$

因为 $d_3 = \max\{d_1, d_2, d_3, d_4, d_5\}$，因此根据最大隶属度原则，判断西翼轨道巷组织管理效果为较好。

5）施工目标因素准则层评价结果。同理，得到了质量、进度、安全、成本的单因素等级评判矩阵如下：

$$\boldsymbol{R}_1 = \begin{bmatrix} 0.5000 & 0.4000 & 0.1000 & 0.0000 & 0.0000 \\ 0.4545 & 0.3636 & 0.1818 & 0.0000 & 0.0000 \end{bmatrix}$$
$$\boldsymbol{R}_2 = \begin{bmatrix} 0.1538 & 0.3077 & 0.3846 & 0.1538 & 0.0000 \\ 0.0000 & 0.2727 & 0.4545 & 0.1818 & 0.0909 \end{bmatrix}$$
$$\boldsymbol{R}_3 = [0.5556 \quad 0.4444 \quad 0.0000 \quad 0.0000 \quad 0.0000]$$
$$\boldsymbol{R}_4 = [0.2667 \quad 0.3333 \quad 0.2000 \quad 0.1333 \quad 0.0667]$$

由图 5-9 得知准则层各个层次指标权重分别为：$w_{(5)} = (0.1504 \quad 0.2605 \quad 0.5127 \quad 0.0764)$，$w_{(51)} = (0.8333 \quad 0.1667)$，$w_{(52)} = (0.1667 \quad 0.8333)$，$w_{(53)} = (1.0000)$，$w_{(54)} = (1.0000)$。

同理我们得到二级模糊评判矩阵 $\overline{\boldsymbol{R}}$ 为：

$$\overline{\boldsymbol{R}} = \begin{bmatrix} \overline{\boldsymbol{B}}_1 \\ \overline{\boldsymbol{B}}_2 \\ \vdots \\ \overline{\boldsymbol{B}}_m \end{bmatrix} = \begin{bmatrix} \overline{A}_1 & \cdot & \overline{R}_1 \\ \overline{A}_2 & \cdot & \overline{R}_2 \\ & \vdots & \\ \overline{A}_m & \cdot & \overline{R}_m \end{bmatrix} = \begin{bmatrix} 0.4924 & 0.3939 & 0.1136 & 0.0000 & 0.0000 \\ 0.0256 & 0.2786 & 0.4429 & 0.1772 & 0.0758 \\ 0.5556 & 0.4444 & 0.0000 & 0.0000 & 0.0000 \\ 0.2667 & 0.3333 & 0.2000 & 0.1333 & 0.0667 \end{bmatrix}$$

则关于技术效果的总的模糊评判结果为：

$$\overline{D}_5 = w_{(5)} \cdot \overline{\boldsymbol{R}}$$
$$= (d_1, d_2, d_3, d_4, d_5)$$
$$= (0.1504 \quad 0.2605 \quad 0.5127 \quad 0.0764) \cdot \begin{bmatrix} 0.4924 & 0.3939 & 0.1136 & 0.0000 & 0.0000 \\ 0.0256 & 0.2786 & 0.4429 & 0.1772 & 0.0758 \\ 0.5556 & 0.4444 & 0.0000 & 0.0000 & 0.0000 \\ 0.2667 & 0.3333 & 0.2000 & 0.1333 & 0.0667 \end{bmatrix}$$
$$= (0.3859 \quad 0.3851 \quad 0.1477 \quad 0.0563 \quad 0.0248)$$

因为 $d_1 = \max\{d_1, d_2, d_3, d_4, d_5\}$，因此根据最大隶属度原则，判断西翼轨道巷施工目标效果为很好。

6）总目标层评价结果。从以上分析可知，对于技术、工艺、装备、组织管理、施工目标五个因素的对应的准则层评判向量分别为：

$$\overline{\boldsymbol{D}}_1 = (0.2685 \quad 0.4389 \quad 0.1965 \quad 0.0857 \quad 0.0104)$$

$$\overline{\boldsymbol{D}}_2 = (0.1142 \quad 0.2742 \quad 0.3781 \quad 0.2056 \quad 0.0279)$$

$$\overline{\boldsymbol{D}}_3 = (0.1040 \quad 0.2396 \quad 0.3662 \quad 0.2098 \quad 0.0805)$$

$$\overline{\boldsymbol{D}}_4 = (0.0843 \quad 0.2171 \quad 0.3700 \quad 0.2537 \quad 0.0750)$$

$$\overline{\boldsymbol{D}}_5 = (0.3859 \quad 0.3851 \quad 0.1477 \quad 0.0563 \quad 0.0248)$$

由 $\overline{\boldsymbol{D}}_1$、$\overline{\boldsymbol{D}}_2$、$\overline{\boldsymbol{D}}_3$、$\overline{\boldsymbol{D}}_4$、$\overline{\boldsymbol{D}}_5$ 得到轨道巷快掘施工总模糊综合评判矩阵为：

$$\overline{\boldsymbol{R}}_{总}(\overline{\boldsymbol{D}}_1 | \overline{\boldsymbol{D}}_2 | \overline{\boldsymbol{D}}_3 | \overline{\boldsymbol{D}}_4 | \overline{\boldsymbol{D}}_5)^{\mathrm{T}} = \begin{bmatrix} 0.2685 & 0.4389 & 0.1965 & 0.0857 & 0.0104 \\ 0.1142 & 0.2742 & 0.3781 & 0.2056 & 0.0279 \\ 0.1040 & 0.2396 & 0.3662 & 0.2098 & 0.0805 \\ 0.0843 & 0.2171 & 0.3700 & 0.2537 & 0.0750 \\ 0.3859 & 0.3851 & 0.1477 & 0.0563 & 0.0248 \end{bmatrix}$$

通过图 5-9 可知，总目标各个准则层的权重为：$w = (0.2258 \quad 0.0545 \quad 0.1314 \quad 0.0791 \quad 0.5092)$，则得到西翼轨道巷快掘施工效果综合评判结果为：

$$\overline{\boldsymbol{D}} = w \cdot \overline{\boldsymbol{R}}_{总}$$

$$= (0.2258 \ 0.0545 \ 0.1314 \ 0.0791 \ 0.5092) \cdot \begin{bmatrix} 0.2685 & 0.4389 & 0.1965 & 0.0857 & 0.0104 \\ 0.1142 & 0.2742 & 0.3781 & 0.2056 & 0.0279 \\ 0.1040 & 0.2396 & 0.3662 & 0.2098 & 0.0805 \\ 0.0843 & 0.2171 & 0.3700 & 0.2537 & 0.0750 \\ 0.3859 & 0.3851 & 0.1477 & 0.0563 & 0.0248 \end{bmatrix}$$

$$= (0.2837 \quad 0.3588 \quad 0.2176 \quad 0.1069 \quad 0.0330)$$

因为，$d_2 = \max\{d_1, d_2, d_3, d_4, d_5\} = 0.3588$，因此根据最大隶属度原则，我们判断西翼轨道巷快掘施工效果的综合评判结果为：快掘效果好。

从统计数字可以看出，轨道巷快掘施工效果“较好-很好”占 86.01%。因此可以认为西翼轨道巷快掘施工从技术、经济、装备、组织管理、施工目标等各个方面综合评价结果是可行的。

6.3.6 施工方案的经济效益分析

6.3.6.1 快掘与普掘经济效益对比

根据岩巷工程造价原理及根据公式（5-1）和公式（5-2）的原理，要进行岩巷工程普掘和快掘经济效益的对比分析，首先应该计算它们各自的工程量。计算每延米人、材、机费用，也就是每延米直接工程费，首先得计算每延米工料机消耗，然后计算每米巷道的人、材、机费用，再以此为基数进行计算每米巷道的造价，具体计算如表6-15~表6-18所示。

(1) 人工费。人工工日的消耗，应以分项工程的施工工序为对象来提取。岩巷掘进工程来讲主要的人工工日消耗有：钻孔、爆破、支护、耙矸、运输工作工日的消耗，以及其他零星工程的工日消耗，如表6-15所示。

表6-15　工日消耗汇总对比表

<table>
<tr><td>项　目</td><td colspan="3">普　掘</td><td colspan="3">快　掘</td></tr>
<tr><td>工日消耗类别</td><td>月消耗工日</td><td>延米消耗工日</td><td>人工费/m</td><td>月消耗工日</td><td>延米消耗工日</td><td>人工费/m</td></tr>
<tr><td>掘进 $S<20$、$f<10$</td><td>1188.468</td><td>26.4104</td><td rowspan="9">井下直接工人工费单价按实际单价102.04元/工日，井上辅助工、地面辅助工按实际单价62元/工日，井下辅助工按照89.36元/工日计算</td><td>2010.6155</td><td>23.6543</td><td rowspan="9">井下直接工人工费单价按实际单价102.04元/工日，井上辅助工、地面辅助工按实际单价62元/工日，井下辅助工按照89.36元/工日计算</td></tr>
<tr><td>锚杆架设（不注浆）$f<10$、$L<2.5$</td><td>206.9595</td><td>4.5991</td><td>390.9235</td><td>4.5991</td></tr>
<tr><td>锚杆架设（不注浆）$f<10$、$L<2.0$</td><td>58.482</td><td>1.2996</td><td>110.466</td><td>1.2996</td></tr>
<tr><td>平硐、平巷锚索架设 $f<3$、$L=7$</td><td>25.4925</td><td>0.5665</td><td>48.1525</td><td>0.5665</td></tr>
<tr><td>喷射混凝土支护（挂网）、$\delta<150$ 墙</td><td>72.7065</td><td>1.6157</td><td>114.342</td><td>1.3452</td></tr>
<tr><td>喷射混凝土支护（挂网）、$\delta<150$ 拱</td><td>218.5245</td><td>4.8561</td><td>385.5685</td><td>4.5361</td></tr>
<tr><td>金属网制作铺设（焊接）</td><td>22.842</td><td>0.5076</td><td>37.213</td><td>0.4378</td></tr>
<tr><td>平硐及平巷水沟、电缆沟掘进 $S<0.1$、$f<10$</td><td>53.0145</td><td>1.1781</td><td>100.1385</td><td>1.1781</td></tr>
<tr><td>平硐及平巷水沟、电缆沟砌筑（混凝土、$S<0.1$）</td><td>35.46</td><td>0.788</td><td>66.98</td><td>0.788</td></tr>
</table>

续表 6-15

项目	普掘			快掘		
工日消耗类别	月消耗工日	延米消耗工日	人工费/m	月消耗工日	延米消耗工日	人工费/m
井下直接工小计（工日/m）	1881.95	41.8211	4267.425	3264.3995	38.4047	3918.816
地面辅助工（工日/m）	90.162	2.0036	124.2232	151.844	1.7864	110.7568
辅助人工（井上）	285.705	6.349	393.638		5.1098	316.8076
辅助人工（井下）	343.008	7.6224	681.1377		6.0439	540.0829
辅助工小计	1198.9989					967.6473
合计	5466.424					4886.463
差值	579.9606					

（2）机械费用。机械台班消耗费用如表 6-16 所示。

（3）材料消耗。岩巷掘进工程中，支护工作中支护材料的消耗是重中之重。喷射混凝土都是按照一定的配合比进行配料。所以，喷浆量的消耗以水泥、砂子、石子的消耗，以及钢筋网、锚杆锚索、锚固剂的消耗为主。典型的材料消耗对比表如表 6-17 所示。

（4）从表 6-18 可以看出，对于轨道巷岩巷施工来讲，采用普掘方案比快掘方案每米造价高 4002.58 元，按照巷道规划进尺为 1000m 计算，实行快速掘进后造价节省额为 4002580 元，较大节约成本，为煤矿企业创造了直接经济效益。

表 6-16 机械费用对比表

普掘				快掘			
设备	台班消耗/m	单价	机械费/m	设备	台班消耗/m	单价	机械费/m
气腿式凿岩机（YT-26 型）	5.57	293.14	1633.99	气腿式凿岩机（YT-28）	2.44	303.14	738.93
风镐（03-11）	0.10	46.27	4.59	风镐（03-11）	0.08	46.27	3.67
电动耙斗装岩机（P-60B）	0.77	109.49	83.79	电动耙斗装岩机（P-90B）	0.71	119.49	84.29
混凝土搅拌机（JI-500）	0.01	220.35	1.85	混凝土搅拌机（JI-500）	0.01	220.35	1.11
混凝土喷射机（HPH-5）	0.37	435.70	160.56	混凝土喷射机（HPH-5）	0.35	435.70	153.98
锻钎机（GK-50）	0.14	294.48	40.31	锻钎机（GK-50）	0.12	294.48	36.66
钢筋调直机（ϕ40mm）	0.06	32.71	2.00	钢筋调直机（ϕ40mm）	0.06	32.71	2.00
钢筋切断机（ϕ40mm）	0.10	33.34	3.42	钢筋切断机（ϕ40mm）	0.10	33.34	3.42

续表 6-16

普　掘				快　掘			
设　备	台班消耗/m	单价	机械费/m	设　备	台班消耗/m	单价	机械费/m
交流电焊机（30kVA）	0.32	104.91	34.04	交流电焊机（30kVA）	0.32	104.91	34.04
锚索钻机（MQT-85）	0.11	238.58	25.50	锚索钻机（MQT-120）	0.09	238.58	20.73
张拉千斤顶（200t）	0.06	9.76	0.59	张拉千斤顶（200t）	0.05	9.76	0.49
机械费合计/m	1990.65			1079.32			
机械费差值/m				911.32			

表 6-17　材料费用对比表　（m^{-1}）

项　目	单位	普掘消耗	快掘消耗	单价
钢筋（ϕ6mm）	kg	59.31	48.06	7.26
水泥（32.5 级）	kg	1503.34	1435.68	0.439
中（粗）砂	m^3	2.42	2.05	143.21
碎石（<20mm）	m^3	2.31	1.99	148.71
碎石（>20mm）	m^3	0.198	0.16	148.71
乳化炸药	kg	36.06	32.79	8.42
电雷管	个	67.22	61.11	1.58
钻杆（中空六角钢）	kg	6.707	6.10	17
合金钢钻头（岩巷用）	个	4.613	4.19	35
风镐钎	kg	0.096	0.09	12
速凝剂	kg	41.75	37.96	1.66
铁钉	kg	0.0143	0.01	5
铅丝（22 号）	kg	0.105	0.10	6.74
普通焊条	kg	0.528	0.48	5.41
水	m^3	1.833	1.67	0.8
钻杆（ϕ22mm）	m	0.039	0.04	27.5
钻杆尾（ϕ22mm）	m	0.047	0.04	41.25
中间接箍	个	0.078	0.07	11.07
钢丝绳 ϕ15.5mm	kg	0.439	0.39	7.02

续表 6-17

项　目	单位	普掘消耗	快掘消耗	单价
机械费中（电耗量）	kW · h	2124.39	1931.27	0.74
机械费中（水耗量）	m^3	37.65	34.23	0.8
树脂锚杆 ϕ20mm 1.8m	根	3.778	3.43	59.46
模板（木制）	m^3	0.0055	0.01	1686
树脂锚杆制作（ϕ20、L=2.2）	根	10.478	9.53	77.33
锚索制作（ϕ15.24、L=7.3）	根	1.133	1.03	188
辅助机械-电	kW · h	426.012	387.28	0.74
辅助机械-其中：排水电耗	kW · h	248.10	225.55	0.5
辅助机械-煤	kg	89.5	81.36	0.26
辅助机械-水	m^3	0.3	0.27	0.8
合　计	361.58			

表 6-18　延米造价对比表

<table>
<tr><th>序号</th><th colspan="3">费 用 名 称</th><th>计算基础</th><th>费率/%</th><th>普掘</th></tr>
<tr><td>1</td><td rowspan="8">直接工程费</td><td rowspan="4">直接费</td><td>人工费</td><td></td><td></td><td>579.96</td></tr>
<tr><td>2</td><td>材料费</td><td></td><td></td><td>361.58</td></tr>
<tr><td>3</td><td>机械费</td><td></td><td></td><td>911.32</td></tr>
<tr><td>4</td><td>小计</td><td></td><td></td><td>1852.86</td></tr>
<tr><td>5</td><td colspan="2">井巷工程辅助费</td><td></td><td></td><td>850.00</td></tr>
<tr><td>6</td><td colspan="2">其中：辅助人工费</td><td></td><td></td><td>430.00</td></tr>
<tr><td>7</td><td colspan="2">其中：辅助机械费</td><td></td><td></td><td>420.00</td></tr>
<tr><td>8</td><td colspan="2">小　计</td><td>4+5</td><td></td><td>2702.86</td></tr>
<tr><td>9</td><td colspan="3">企业管理费</td><td>4+5</td><td>15.79</td><td>426.78</td></tr>
<tr><td>10</td><td colspan="3">利　润</td><td>8+9</td><td>7.26</td><td>227.21</td></tr>
<tr><td>11</td><td colspan="3">组织措施费</td><td>8+9+10</td><td>7.63</td><td>256.13</td></tr>
<tr><td>12</td><td colspan="3">价　差</td><td></td><td></td><td>0.00</td></tr>
<tr><td>13</td><td colspan="3">规　费</td><td>14+15</td><td></td><td>257.61</td></tr>
<tr><td>14</td><td colspan="3">其中：社会保障费</td><td>8+9+10+11+12</td><td>6.05</td><td>218.59</td></tr>
<tr><td>15</td><td colspan="3">其中：其他规费</td><td>8+9+10+11+12</td><td>1.08</td><td>39.02</td></tr>
</table>

续表 6-18

序号	费 用 名 称	计算基础	费率/%	普掘
16	税 金	8+9+10+11+12+13	3.41	131.99
17	造价节约/m	8+9+10+11+12+13+16		4002.58
18	工 程 量			1.00
19	普掘每米造价			17577.22
20	快掘每米造价			13574.64

6.3.6.2 工期效益

(1) 工期效益分析

1) 工期变化对资金成本的影响

根据公式(5-7),我们假设岩巷掘进的工程款是一月一结算,而且是月末进行。轨道巷还需掘进1000m,假设年利率 $i=10\%$,普通掘进的月进尺基本稳定在60m,所以,把月结算造价费用设为一个定值105.46万,轨道巷采用普掘施工工期(计划工期)需要 $n_0=17$ 月;采用快掘之后月进尺提高到85m,造价费用115.38万,快掘施工工期需要 $n=11.8$ 月。$\Delta n=17-11.8=5.2$ 月。

由于已知的是年利率,则月利率为 $i=10\%/12=0.833\%$,则轨道巷竣工时投资节约额根据公式(5-6)得:

$$\Delta F=\left|(1+i)^{\Delta n}\cdot\sum_{k'=1}^{n_0-\Delta n}P'(1+i)^{n_0-\Delta n-k'}-\sum_{k=1}^{n_0}P(1+i)^{n_0-k}\right|$$

$$=\left|(1+0.833\%)^{5.2}\cdot\sum_{k'=1}^{11.8}115.38(1+0.833)^{11.8-k'}-\sum_{k=1}^{17}105.46(1+0.833\%)^{17-k}\right|$$

$$=\left|(1+0.833\%)^{5.2}\cdot115.38\frac{(1+0.833)^{11.8}-1}{0.833\%}-105.46\frac{(1+0.833\%)^{17}-1}{0.833\%}\right|$$

$$=|1487.21-1917.42|$$

$$=430.21\text{(万元)}$$

所以,实行快掘工期缩短之后,投资节约额为430.21万元。

2) 工期变化对产煤效益的影响。实行快掘施工后实际工期比预算或标准施工期(或合同工期)提前 $\Delta n=5.2$ 月,假设其他巷道如期竣工,并最终投产,月平均出煤为 $Q=5$ 万吨,每吨原煤的利润 $p=300$ 元。假设煤炭销售都是在年末统一进行,则在 Δn 年内,提前销售煤炭产生的经济效益为:

$$\Delta F'=pQ\frac{[(1+i)^{\Delta n}-1]}{i}=300\times5\times\frac{[(1+0.833\%)^{5.2}-1]}{0.833\%}=7937.66\text{(万元)}$$

（2）综上所述，轨道巷工期提前使得建设资金或投资成本减少，提前出煤获得销售收益为：$F = \Delta F + \Delta F' = 8367.87$（万元）。

6.3.7　实证结果综合分析

通过工程实例对系统分析、装备选型模型、进尺预测模型、综合评价模型的应用检验，应用的实际效果能较好地反映实际情况，为岩巷快掘施工能提供较为全面的效果评价，说明建立的各个模型具有较好的适应性。

（1）通过系统分析，找到轨道巷的掘进影响问题所在，针对问题提出相应的对策。优化爆破方案，采用先进掏槽方式，使得爆破进尺、炮孔利用率、孔痕率、大块率等指标大大改善，保证了施工的技术效果。

（2）解决爆破效率的问题后，通过机械化配套选型解决了排矸、支护、钻孔问题，通过科学化的选型，使得配套设备达到较优的配置，使得装备效率提高。

（3）建立相应的激励措施和管理制度为快掘提供制度保障，班组成员积极性增高，掘进速度提高近50%，实行新施工方案后，每米巷道造价减少4000元左右，节约投资和提前工期产生的效益共计8000多万，效益可观。

（4）虽然掘进进尺达到85m以上，比快掘前速度大有提高，但是离进度目标100m还有差距，主要是由于出矸受到其他煤矿生产系统的影响，导致有时出矸不及时，影响迎头掘进，凿岩速度和设备改进还有待提高，这是后续改进的方向。

参 考 文 献

[1] 中华人民共和国国家统计局 . 2010 年中国统计年鉴［M］. 北京：中国统计出版社，2010.

[2] 煤炭工业发展“十二五”规划 .

[3] 成金华，吴巧生. 中国矿产资源经济研究综述［J］，中国地质大学学报，2003，3（6）：36~40.

[4] 中国石油和化学工业协会，2005 年底已探明煤炭储量，转引自 BP 世界能源统计，2006 年 .

[5] 李万享. 矿产资源经济学［M］. 武汉：中国地质大学出版社，1995.

[6] 张征，石嘴山二矿水平巷道单巷快速掘进技术研究［D］. 西安：西安科技大学，2006：17~25.

[7] 梁为民，王以贤，楮怀保，等 . 楔形掏槽炮孔角度对称性对掏槽效果影响研究［J］. 金属矿山，2009（11）：21~24.

[8] 宗琦，刘菁华 . 煤矿岩石巷道中深孔爆破掏槽技术应用研究［J］. 爆破，2010（4）：35~39.

[9] 戴俊，杜晓丽 . 岩石巷道楔形掏槽爆破参数研究［J］. 矿业研究与开发，2011（2）：90~93，104.

[10] 赵祉君，张成勇，郝子强，等 . 中深孔爆破楔形掏槽装药参数研究［J］. 矿山压力与顶板管理，2003（1）：97~98，101.

[11] 聂永祥，葛虎胜 . 台阶中深孔锥形掏槽崩落法在双层空区处理中的应用［J］. 采矿技术，2010（6）：27~29.

[12] 单仁亮，马军平，赵华，等 . 分层分段直眼掏槽在石灰岩井筒爆破中的应用研究［J］. 岩石力学与工程学报，2003（4）：636~640.

[13] 林大能，陈寿如 . 直眼掏槽效率敏感因子的理论与试验分析［J］. 煤炭学报，2005（1）：40~43.

[14] 林大能，陈寿如 . 空孔直眼掏槽成腔模型理论与实践分析［J］. 岩土力学，2005（3）：479~483.

[15] 戴俊，杨永琦 . 三角柱直眼掏槽爆破参数研究［J］. 爆炸与冲击，2000（4）：364~368.

[16] 张奇，杨永琦，员永峰，等 . 直眼掏槽爆破效果的影响因素分析［J］. 岩土力学，2001（2）：144~147.

[17] 张奇，杨永琦，金乾坤，等 . 直眼掏槽爆破机理若干基本问题的研究［J］. 煤炭学报，1997（3）：62~65.

[18] 张奇，张玉明，雒昆利 . 直眼掏槽的爆破作用及参数计算［J］. 岩土力学，1997（2）：51~56.

[19] 单仁亮，黄宝龙，高文蛟，岩巷掘进准直眼掏槽爆破新技术应用实例分析［J］. 岩石力学与工程学报，2011，30（2）：224~232.

[20] 单仁亮，黄宝龙，蔚振廷，等 . 岩巷掘进准直眼掏槽爆破模型试验研究［J］. 岩石力学

与工程学报，2012，31（2）：256~264.
[21] 黄宝龙．岩巷掘进准直眼掏槽爆破试验研究［D］．北京：中国矿业大学（北京），2011.
[22] 罗章华．直线角柱掏槽爆破应用效果［J］．探矿工程，1989（6）：52~54.
[23] 龙专，林大能，刘医硕，等．小断面硬岩巷道大空孔角柱式直眼掏槽爆破试验［J］．矿业工程研究，2012（3）：1~5.
[24] 张奇．关于螺旋掏槽的布孔原则［J］．探矿工程，1988（1）：56~58.
[25] 重庆永荣矿务局永川煤矿．掘进复合掏槽爆破新技术［J］．煤矿支护，2003（1）：26.
[26] 钟占良，李刚，王焕霞．大孔径复合掏槽在中深孔爆破中的应用技术［J］．河北煤炭，2011（5）：29~31.
[27] 高有存．中深孔复合眼强力掏槽爆破技术的应用［J］．煤矿爆破，2010（3）：36~38.
[28] 杨仁树，张志帆，孙强，等．淮南矿区深部硬岩巷道钻爆技术研究［J］．煤炭科学技术，2005，33（2）：42~45.
[29] 李清，杨仁树，等．深部大断面岩巷快速掘进技术研究［J］．煤炭科学技术，2006（10）：1~4.
[30] 张惠聚．考虑损伤的光面爆破成缝分析及爆破参数的数值分析研究［D］．武汉：武汉理工大学，2005.
[31] 苏廷志．硬岩巷道中深孔光面爆破技术研究和应用［D］．淮南：安徽理工大学，2007.
[32] 宗琦，陆鹏举，罗强．光面爆破空气垫层装药轴向不耦合系数理论研究［J］．岩石力学与工程学报，2005（6）：1047~1051.
[33] 宗琦．软岩巷道光面爆破技术的研究与应用［J］．煤炭学报，2002（1）：45~49.
[34] 张志呈，蒲传金，史瑾瑾．不同装药结构光面爆破对岩石的损伤研究［J］．爆破，2006（1）：36~38，55.
[35] 东兆星，吴士良．井巷工程［M］．徐州：中国矿业大学出版社，2005.
[36] 汤发新，郭进，郭子如．城市防洪沟精细化爆破开挖技术［J］．煤矿爆破，2009（2）：37~38.
[37] 徐成光．柘溪水电站扩机挡水岩坎拆除精细化爆破施工［J］．水利水电施工，2012（1）：5~7.
[38] 赵根．生态爆破［J］．爆破，2010（4）：14~17.
[39] 谢先启，卢文波．精细爆破［J］．工程爆破，2008（3）：1~7.
[40] 贾虎，沈兆武，徐颖．聚能药包精细爆破技术在岩体定向断裂中的理论探讨与应用［C］//中国岩石力学与工程学会．岩石力学与工程的创新和实践：第十一次全国岩石力学与工程学术大会论文集．中国岩石力学与工程学会，2010.
[41] 黄伟，马芹永，袁文华，等．深部岩巷锚喷支护作用机理及其力学性能分析［J］．地下空间与工程学报，2011（1）：28~32.
[42] 侯斌，刘永立．锚喷支护的特点及应用［J］．煤炭技术，2008（6）：54~55.
[43] 鹿守敏，靖洪文．巷道锚喷支护机理研究与实践［J］．建井技术，1994（Z1）：14~18，95.
[44] 奚家米．锚喷支护巷道围岩稳定可靠度分析［D］．西安．西安科技大学，2002：

23，45.

[45] 李晓杰，曲艳东，闫鸿浩，等．中深孔爆破分层装药分层填塞研究［J］．岩石力学与工程学报，2006（S1）：3269~3275.

[46] 杨仁树，郭东明，杨立云，等．中深孔爆破在海孜煤矿中硬岩巷道掘进中的应用［J］．煤炭技术，2007（3）：37~38.

[47] 陈士海，魏海霞，薛爱芝．坚硬岩石巷道中深孔掏槽爆破试验研究［J］．岩石力学与工程学报，2007（S1）：3498~3502.

[48] 朱志彬，刘成平．中深孔凿岩爆破参数试验研究［J］．矿业研究与开发，2009（5）：90~92.

[49] 傅菊根，徐颖，郝飞，等．硬岩巷道掘进的中深孔爆破试验研究［J］．安徽理工大学学报（自然科学版），2004（4）：24~27，36.

[50] 孙延宗，孙继业．岩巷工程施工：掘进工程［M］．北京：冶金工业出版社，2011.

[51] 杨仁树，佟强，杨国梁．切缝药包掏槽爆破试验研究［J］．煤矿安全，2010（10）：11~14.

[52] 杨永琦，杨仁树，单仁亮，等．岩巷定向断裂爆破机理研究与实践［C］//中国岩石力学与工程学会岩石动力学专业委员会．第四届全国岩石动力学学术会议论文选集．中国岩石力学与工程学会岩石动力学专业委员会，1994.

[53] 王汉军，黄风雷，张庆明．岩石定向断裂爆破的力学分析及参数研究［J］．煤炭学报，2003（4）：399~402.

[54] 杨仁树，曹洪洋，王伟，等．岩巷定向断裂爆破专家系统中的关键技术［J］．煤炭科学技术，2004（2）：56~58.

[55] 杨永琦，杨仁树，杜玉兰，等．定向断裂控制爆破机制与生产试验［J］．爆破，1995（1）：40~43.

[56] 杨永琦，金乾坤，杨仁树，等．岩巷定向断裂爆破新工艺［J］．工程爆破，1995（1）：8~13.

[57] 杨仁树，张召冉，杨立云，等．基于硬岩快掘技术的切缝药包聚能爆破试验研究［J］．岩石力学与工程学报，2013（2）：317~323.

[58] 张征．石嘴山二矿水平巷道单巷快速掘进技术研究［D］．西安：西安科技大学，2006.

[59] 徐衍成、任继业．基于AHP影响煤矿建设项目进度的因素分析［J］．山西建筑，2010，36（29）：203~205.

[60] 张召冉．岩巷掘进进度控制措施［J］．煤炭技术，2008，27（10）：94~96.

[61] 单仁亮，周纪军．巷道掏槽爆破影响因素分析［J］，煤炭科学技术，2010，38（2）：50~53.

[62] 何刚．煤矿安全影响因子的系统分析及其系统动力学仿真研究［D］．淮南：安徽理工大学，2009：25~80.

[63] 陈玉凯，代方军．空气底部间隔装药对爆破效果的影响［J］．轻金属，2003（1）：7~12.

[64] 陈跃达，孙忠铭，谢源，等．空气间隔装药对爆破效果的影响［J］．北京矿冶研究总院

学报，1993（4）：8~13.

[65] 张震宇．爆破效果主要影响因素的灰色关联分析［J］．矿业快报，2006（1）：22~23，43.

[66] 陈毅．爆破效果影响因素分析［J］．有色金属（矿山部分），2011（1）：65~67.

[67] 聂志龙．工程爆破效果影响因素分析［J］．河北水利，2006（4）：33~34.

[68] 尚玉峰．影响光面爆破效果的因素分析［J］．南方金属，2008（3）：53~55，58.

[69] 王丹丹，池恩安，詹振锵，等．自由面状态对爆破效果的影响及解决措施［J］．金属矿山，2012（3）：52~55.

[70] 刘恺德，郭学彬，蒲传金．岩体结构面对光面爆破效果的影响分析［J］．矿业研究与开发，2009（1）：78~81.

[71] 温健强，郑炳旭，叶图强，等．装药结构对硫铁矿爆破效果的影响［J］．现代矿业，2009（11）：83~84，97.

[72] 周磊．台阶爆破效果评价及爆破参数优化研究［D］．武汉：武汉理工大学，2012：1~10.

[73] 赵国彦，黄治成，刘高，等．中深孔爆破效果的AHP-模糊综合评价方法［J］．矿业研究与开发，2010（2）：106~108.

[74] 袁梅，王作强，张义平．基于模糊数学-层次分析的露天矿深孔爆破效果评价研究［J］．矿业研究与开发，2010（5）：81~84.

[75] 蒲传金，张志呈，郭学彬，等．模糊层次分析法在光面爆破效果评价中的应用［J］．化工矿物与加工，2006（2）：24~26.

[76] 秦虎，汪旭光．爆破效果综合评价的模糊数学模型［J］．工程爆破，1997（3）：7~12.

[77] 尹尚先．煤矿区突（涌）水系统分析模拟及应用［D］．北京：中国矿业大学（北京），2002：11.

[78] 魏宏森，等．开创复杂性研究的新学科——系统科学纵览［M］．成都：四川教育出版社，1993：56~89.

[79] 王其藩．高级系统动力学［M］．北京：清华大学出版社，1995：25~67.

[80] Nigel Goldenfeld, Leo P. Kadanoff. Simple lessons from complexity［J］. Science，1999，284（5411）87~89.

[81] Klir G.，Facets of systems Sciences［M］. NewYork：PlenumPress，1991.

[82] Rod Draheim，et al. SystemThinking，http：//netnet. net/gusn/system. htm，1998.

[83] Gunther ossimitz. The Development of Systems Thinking Skills Using System Dynamics Modeling Tools，http：//www. fmd. uni-osnabrueck. de/annual 1996. html

[84] 唐谷修．企业安全管理系统动力学模型与应用研究［D］．长沙：中南大学，2007：45~78.

[85] 中国煤炭资源网，煤矿安全生产“十一五”规划．http：//www. sxcoal. com/index. htm，2007. 3. 20

[86] 方永明．煤矿水文地质分析［M］．北京：煤炭工业出版社，2006.

[87] 李磊，许威，徐琴．提高岩巷掘进速度的途径［J］．煤炭技术，2007（8）：45~47.

[88] 褚召祥，张习军，姬建虎，等．我国煤矿高温热害及防治技术研究现状［C］//中国煤炭机械工业协会．第三届全国煤矿机械安全装备技术发展高层论坛暨新产品技术交流会论文集．中国煤炭机械工业协会，2012.

[89] 何国家，杨壮．我国煤矿高温热害现状及防治技术措施［C］//中国煤炭工业协会．第七次煤炭科学技术大会文集（下册）．中国煤炭工业协会，2011.

[90] 张景公．优化运输系统提高工作面有效作业时间［J］．煤炭技术，2008（3）：46~47.

[91] 路庆忠．岩巷掘进装岩运输综合排矸能力分析［J］．西安矿业学院学报，1999（S1）：138~140.

[92] 陈东辉，郗海龙．顾桥矿井下独立排矸工艺［J］．山东煤炭科技，2009（4）：24~25.

[93] 曲广龙．岩巷高速高效掘进施工技术研究［D］．青岛：山东科技大学，2008.

[94] 石曲．论我国大型铁路隧道建设生产及组织管理的先进性［C］//中国土木工程学会、中国土木工程学会隧道及地下工程分会．中国土木工程学会第十五届年会暨隧道及地下工程分会第十七届年会论文集．中国土木工程学会、中国土木工程学会隧道及地下工程分会，2012.

[95] 杨潇，张微．浅谈煤矿企业 HSE 管理机制构建的可行性［J］．改革与开放，2009（6）：79，81.

[96] 林柏泉，康国峰，周延，等．煤矿生产安全风险管理机制的研究与应用［J］．中国安全科学学报，2009（5）：43~50，179.

[97] 杨文培，赵斌．略论煤矿安全管理机制的构建［J］．安徽理工大学学报（社会科学版），2003（3）：8~10.

[98] 刘过兵，顾秀根．煤矿安全生产管理机制研究［J］．华北科技学院学报，2004（4）：21~26.

[99] 张建新，郅庚中，吴海宽．煤炭企业横向管理机制的实践与探索［J］．煤炭经济研究，1992（12）：55~56.

[100] 马捷，范炳恒，丁三青．煤炭行业职工继续教育的现状分析及发展策略［J］．成人教育，2011（5）：58~60.

[101] 李亚兵，胡建虹．煤炭企业人力资源管理研究述评［J］．商业时代，2009（3）：39~40.

[102] 何玉荣．煤炭企业人力资源管理存在的问题及对策［J］．中国煤炭，2010（8）：51~53.

[103] 郭丽芳，潘启东，吕俊志．系统论视角下我国煤炭企业人力资源管理体系构建［J］．煤炭经济研究，2010（11）：87~89，92.

[104] 赵丽萍．论煤炭企业人力资源管理现状及对策［J］．山西煤炭，2010（12）：34~35，38.

[105] 郭永斌．现代煤炭企业劳动组织管理探讨［J］．当代矿工，2009（9）：46~47.

[106] 蒋建营．劳动组织管理标准是稳定职工队伍和调动其积极性的关键［J］．企业标准化，1998（2）：22~23.

[107] 董晓磊．煤炭企业设备管理信息系统的研究与应用［J］．煤矿机械，2008（8）：209~

211.
[108] 张国涛. 济宁矿业集团设备管理模式研究 [D]. 青岛: 山东科技大学, 2011.
[109] 王翰钊, 题正义. 国有煤炭企业人力资源管理激励制度的创新 [J]. 科技和产业, 2008 (9): 62~64.
[110] 许伟, 田合群. 正向激励在煤炭企业管理中的应用 [J]. 科技促进发展 (应用版), 2012 (2): 40~41.
[111] 程强. 国有煤炭企业核心员工激励机制研究 [D]. 济南: 山东师范大学, 2012.
[112] 裴华. 煤炭企业员工压力管理研究 [D]. 北京: 中国矿业大学 (北京), 2010.
[113] 郭英. 国有煤炭企业薪酬激励问题研究 [D]. 太原: 山西财经大学, 2011.
[114] 赵建明, 罗智霞. 国有煤炭企业薪酬激励与管理研究 [J]. 煤炭经济研究, 2005 (8): 72~75.
[115] 于宏. 浅谈煤炭企业如何做精做细班组管理工作 [J]. 山西科技, 2007 (6): 35~36.
[116] 刘卫锋. 浅谈煤炭企业的班组建设与管理 [J]. 现代商业, 2009 (36): 97~98.
[117] 谭柯. 浅论如何加强煤炭企业的班组管理工作 [J]. 煤, 2010 (3): 55, 65.
[118] 付才国, 陶鹏, 李兆忠, 等. 煤炭企业和谐班组管理体系的构建与实施 [C]//2009 煤炭企业管理现代化创新成果集, 2010.
[119] 王霞, 于翔. 基于解析结构模型的通用航空发展影响因素分析 [C]//中国科学技术协会、天津市人民政府. 第十三届中国科协年会第 22 分会场-中国通用航空发展研讨会论文集. 中国科学技术协会、天津市人民政府, 2011.
[120] 李洪伟, 陶敏, 宋平. 大学生诚信影响因素的解析结构模型研究 [J]. 山东青年政治学院学报, 2011 (1): 60~63.
[121] 刘铭, 时昕, 刘锐. 基于解析结构模型的交通问题分析与对策 [J]. 系统工程, 2000 (6): 59~62.
[122] 左忠义, 邵春福, 金晓琼. 基于 ISM 的交通运输系统结构优化分析 [J]. 大连交通大学学报, 2009 (2): 34~38, 65.
[123] 张守健. 基于 ISM 模型的标准信息化影响因素分析 [J]. 哈尔滨工业大学学报, 2010 (8): 1306~1310.
[124] 高红卫. 线性规划方法应用详解 [M]. 北京: 科学出版社, 2004: 8~9.
[125] 胡清淮, 魏一鸣. 线性规划及其应用 [M]. 北京: 科学出版社, 2004: 3~4.
[126] 张明明, 阮仁满, 温建康. 选煤厂生产计划的优化 [J]. 中国矿业, 2000 (1): 75~78.
[127] 秦宣云. 基于优先缺货权的工厂生产计划的动态规划模型 [J]. 系统工程, 2002 (4): 20~24.
[128] 朱明, 杨中. 开滦集团公司煤炭生产规划优化 [J]. 煤炭工程, 2002 (1): 50~52.
[129] 夏天劲, 罗素良, 陈建宏. Excel 在多矿源优化配矿中的应用 [J]. 采矿技术, 2003 (1): 4~5.
[130] 刘明. 基于线性规划的排岩优化模型的建立及其应用研究 [D]. 武汉: 武汉科技大学, 2006.

[131] 刘文生．数学规划在露天矿生产规划中的应用 [D]．唐山：河北理工学院，2004.
[132] 蒋宗礼．神经网络导论 [M]．北京：高等教育出版社，2001.
[133] 李国勇．智能控制及其 MATLAB 实现 [M]．北京．电子工业出版社，2006：1~26.
[134] 高隽．人工神经网络原理及仿真实例 [M]．北京：机械工业出版社，2003.
[135] 单仁亮，汪学清，高文蛟，等．人工神经网络在巷道爆破中的应用研究 [J]．岩石力学与工程学报，2007，(S1)：3322~3328.
[136] 余建星，段晓晨，张建龙．基于 BP 神经网络数据挖掘方法的政府投资项目投资估算方法 [J]．中国农机化，2006 (5)：36~39.
[137] 王运霞，刘志强，黄成．基于 BP 神经网络的路基工程投资估算模型 [J]．中外公路，2008 (2)：66~68.
[138] 温森，赵延喜，杨圣奇．基于 Monte Carlo-BP 神经网络 TBM 掘进速度预测 [J]．岩土力学，2009 (10)：3127~3132.
[139] 段晓晨．政府投资项目全面投资控制理论和方法研究 [D]．天津：天津大学，2006.
[140] 田景文，高美娟．人工神经网络算法研究及应用 [M]．北京：北京理工大学出版社，2006.
[141] Lan Flood, Nabil Kartam. Neural networks in civil engineering Ⅱ: Systems and application [J]. Journal of compute in Civil Eng., 1994, 8 (2): 23~29.
[142] Hopfield, J J. Neural network and physical systems with emergent collective computational abilities [J]. Proc. Natl. Acad. Sci. USA, 1982, 79: 1552~2558.
[143] Chabonss J, Sidasta D E, Lade P V. Neural network based modeling in geomechnics. In: Siriwardane H J, Zaman M M, eds. Compute Methods and Advances in Geomechnics. Morgantown: Sirimavdane&Zaman, 1994.
[144] 周丽萍，胡振锋．BP 神经网络在建筑工程估价中的应用 [J]．西安建筑科技大学学报（自然科学版），2005 (2)：262~264，296.
[145] 邓聚龙．灰色系统基本方法 [M]．2 版．武汉：华中科技大学出版社，2005.
[146] Deng Julong. The Control Problems of Grey Systems [J]. Stability of Large Scale System Having in Complete Parameters via Minimum Information, No. 5: 288~294.
[147] 李廷春，刘洪强．煤矿下山巷道爆破掘进技术试验研究 [J]．岩土力学，2012 (1)：35~40，47.
[148] 黄志辉．台阶爆破块度分布测定及其优化研究 [D]．厦门：华侨大学，2005.
[149] 张福德．影响爆破效果因素的灰关联分析 [D]．武汉：武汉理工大学，2011：25~60.
[150] 胡新华，杨旭升．基于灰色关联分析的爆破效果综合评价 [J]．辽宁工程技术大学学报（自然科学版），2008 (S1)：142~144.
[151] 范孝锋，周传波，陈国平．爆破震动影响因素的灰关联分析 [J]．爆破，2005 (2)：100~102，105.
[152] 易建坤，马海鹏，杨力．用灰关联分析法评价岩体天然因素对爆破效果的影响 [J]．矿冶，2003 (1)：15~17，14.
[153] 张继春，钮强，徐小荷．用灰关联分析方法确定影响岩体爆破质量的主要因素 [J]．

爆炸与冲击，1993（3）：212~218.
[154] 孙勇，刘允延．神经网络在工程估价中的应用［J］．北京建筑工程学院学报，2006（3）：73~76.
[155] 周凤麒．多输出BP网络学习算法收敛性及输出设计［D］．大连：大连理工大学，2006.
[156] 程真富．影响岩巷掘进中深孔爆破效果的技术因素分析［J］．煤炭技术，2010（5）：65~67.
[157] 王玉杰，黄平路，张惠聚．中深孔爆破飞石伤人事故树分析［J］．有色金属（矿山部分），2004（6）：38~40.
[158] 李清，刘文江，杨仁树，等．深部岩巷二次锚喷耦合支护技术［J］．采矿与安全工程学报，2008（3）：258~262.
[159] 汪旭光．爆破设计与施工［M］．北京：冶金工业出版社，2011.
[160] 赵强，张建华，李星，等．降低中深孔爆破大块率的技术措施［J］．爆破，2011（4）：50~52，56.
[161] 罗毓．降低中深孔爆破大块率的研究［J］．中国矿山工程，2007（3）：7~9.
[162] 蔺新丽，李媛媛．爆破有害效应的控制措施综述［C］//中国煤炭学会煤炭爆破专业委员会．现代爆破理论与技术——第十届全国煤炭爆破学术会议论文集．中国煤炭学会煤炭爆破专业委员会：2008.
[163] 沙兵．浅谈执行力在班组建设中的作用［C］//云南电网公司、云南省电机工程学会．2011年云南电力技术论坛论文集（入选部分）．云南电网公司、云南省电机工程学会，2011.
[164] http：//www. mkaq. org/Article/jingyanjiaoliu/201009/Article_ 37085. html.
[165] 卫兴华，等．马克思主义政治经济学原理［M］．北京：中国人民大学出版社，1999.

冶金工业出版社部分图书推荐

书　　名	作　者	定价(元)
中国冶金百科全书·采矿卷	本书编委会　编	180.00
中国冶金百科全书·选矿卷	编委会　编	140.00
选矿工程师手册（共4册）	孙传尧　主编	950.00
金属及矿产品深加工	戴永年　等著	118.00
露天矿开采方案优化——理论、模型、算法及其应用	王　青　著	40.00
金属矿床露天转地下协同开采技术	任凤玉　著	30.00
选矿试验研究与产业化	朱俊士　等编	138.00
金属矿山采空区灾害防治技术	宋卫东　等著	45.00
尾砂固结排放技术	侯运炳　等著	59.00
地质学（第5版）（国规教材）	徐九华　主编	48.00
碎矿与磨矿（第3版）（国规教材）	段希祥　主编	35.00
选矿厂设计（本科教材）	魏德洲　主编	40.00
现代充填理论与技术（第2版）（本科教材）	蔡嗣经　编著	28.00
金属矿床地下开采（第3版）（本科教材）	任凤玉　主编	58.00
边坡工程（本科教材）	吴顺川　主编	59.00
爆破理论与技术基础（本科教材）	璩世杰　编	45.00
矿物加工过程检测与控制技术（本科教材）	邓海波　等编	36.00
矿山岩石力学（第2版）（本科教材）	李俊平　主编	58.00
金属矿床地下开采采矿方法设计指导书（本科教材）	徐　帅　主编	50.00
新编选矿概论（本科教材）	魏德洲　主编	26.00
固体物料分选学（第3版）	魏德洲　主编	60.00
选矿数学模型（本科教材）	王泽红　等编	49.00
磁电选矿（第2版）（本科教材）	袁致涛　等编	39.00
采矿工程概论（本科教材）	黄志安　等编	39.00
矿产资源综合利用（高校教材）	张　佶　主编	30.00
选矿试验与生产检测（高校教材）	李志章　主编	28.00
矿山企业管理（第2版）（高职高专教材）	陈国山　等编	39.00
露天矿开采技术（第2版）（职教国规教材）	夏建波　主编	35.00
井巷设计与施工（第2版）（职教国规教材）	李长权　主编	35.00
工程爆破（第3版）（职教国规教材）	翁春林　主编	35.00
金属矿床地下开采（高职高专教材）	李建波　主编	42.00